《中国工程物理研究院科技丛书》第 084 号

典型有机高分子材料的贮存老化性能与失效分析

Storage Ageing Properties and Failure Analysis of
Typical Organic Polymer Materials

杨 强 魏齐龙 孙朝明 著

国防工业出版社
·北京·

图书在版编目(CIP)数据

典型有机高分子材料的贮存老化性能与失效分析 / 杨强，魏齐龙，孙朝明著. —北京：国防工业出版社，2024.2
 ISBN 978-7-118-12981-6

Ⅰ.①典… Ⅱ.①杨… ②魏… ③孙… Ⅲ.①有机材料—高分子材料—老化—性能分析 Ⅳ.①TB324

中国国家版本馆 CIP 数据核字(2023)第 207235 号

※

国防工業出版社出版发行
(北京市海淀区紫竹院南路 23 号　邮政编码 100048)
雅迪云印（天津）科技有限公司印刷
新华书店经售

*

开本 787×1092　1/16　插页 10　印张 11¾　字数 276 千字
2024 年 2 月第 1 版第 1 次印刷　印数 1—1500 册　定价 168.00 元

(本书如有印装错误,我社负责调换)

国防书店:(010)88540777　　书店传真:(010)88540776
发行业务:(010)88540717　　发行传真:(010)88540762

致 读 者

本书由中央军委装备发展部**国防科技图书出版基金**资助出版。

为了促进国防科技和武器装备发展，加强社会主义物质文明和精神文明建设，培养优秀科技人才，确保国防科技优秀图书的出版，原国防科工委于1988年初决定每年拨出专款，设立国防科技图书出版基金，成立评审委员会，扶持、审定出版国防科技优秀图书。这是一项具有深远意义的创举。

国防科技图书出版基金资助的对象是：

1. 在国防科学技术领域中，学术水平高，内容有创见，在学科上居领先地位的基础科学理论图书；在工程技术理论方面有突破的应用科学专著。

2. 学术思想新颖，内容具体、实用，对国防科技和武器装备发展具有较大推动作用的专著；密切结合国防现代化和武器装备现代化需要的高新技术内容的专著。

3. 有重要发展前景和有重大开拓使用价值，密切结合国防现代化和武器装备现代化需要的新工艺、新材料内容的专著。

4. 填补目前我国科技领域空白并具有军事应用前景的薄弱学科和边缘学科的科技图书。

国防科技图书出版基金评审委员会在中央军委装备发展部的领导下开展工作，负责掌握出版基金的使用方向，评审受理的图书选题，决定资助的图书选题和资助金额，以及决定中断或取消资助等。经评审给予资助的图书，由国防工业出版社出版发行。

国防科技和武器装备发展已经取得了举世瞩目的成就，国防科技图书承担着记载和弘扬这些成就，积累和传播科技知识的使命。开展好评审工作，使有限的基金发挥出巨大的效能，需要不断摸索、认真总结和及时改进，更需要国防科技和武器装备建设战线广大科技工作者、专家、教授，以及社会各界朋友的热情支持。

让我们携起手来，为祖国昌盛、科技腾飞、出版繁荣而共同奋斗！

国防科技图书出版基金
评审委员会

国防科技图书出版基金
2019 年度评审委员会组成人员

主 任 委 员	吴有生
副主任委员	郝 刚
秘 书 长	郝 刚
副 秘 书 长	刘 华　袁荣亮

委　　　　员　　于登云　王清贤　王群书　甘晓华　邢海鹰
（按姓氏笔画排序）刘　宏　孙秀冬　芮筱亭　杨　伟　杨德森
　　　　　　　　肖志力　何　友　初军田　张良培　陆　军
　　　　　　　　陈小前　房建成　赵万生　赵凤起　郭志强
　　　　　　　　唐志共　梅文华　康　锐　韩祖南　魏炳波

《中国工程物理研究院科技丛书》
出 版 说 明

中国工程物理研究院建院 50 年来,坚持理论研究、科学实验和工程设计密切结合的科研方向,完成了国家下达的各项国防科技任务。通过完成任务,在许多专业领域里,不论是在基础理论方面,还是在实验测试技术和工程应用技术方面,都有重要发展和创新,积累了丰富的知识经验,造就了一大批优秀科技人才。

为了扩大科技交流与合作,促进我院事业的继承与发展,系统地总结我院 50 年来在各个专业领域里集体积累起来的经验,吸收国内外最新科技成果,形成一套系列科技丛书,无疑是一件十分有意义的事情。

这套丛书将部分地反映中国工程物理研究院科技工作的成果,内容涉及本院过去开设过的 20 几个主要学科。现在和今后开设的新学科,也将编著出书,续入本丛书中。

这套丛书自 1989 年开始出版,在今后一段时期还将继续编辑出版。我院早些年零散编著出版的专业书籍,经编委会审定后,也纳入本丛书系列。

谨以这套丛书献给 50 年来为我国国防现代化而献身的人们!

《中国工程物理研究院科技丛书》
编审委员会
2008 年 5 月 8 日修改

《中国工程物理研究院科技丛书》
第八届编审委员会

学术顾问	杜祥琬　彭先觉　孙承纬
编委会主任	孙昌璞
副　主　任	汪小琳　晏成立
委　　　员	(以姓氏拼音为序)

　　　　　　　白　彬　陈　军　陈泉根　杜宏伟　傅立斌
　　　　　　　高妍琦　谷渝秋　何建国　何宴标　李海波
　　　　　　　李　明　李正宏　罗民兴　马弘舸　彭述明
　　　　　　　帅茂兵　苏　伟　唐　淳　田保林　王桂吉
　　　　　　　夏志辉　向　洵　肖世富　杨李茗　应阳君
　　　　　　　曾　超　曾桥石　祝文军

秘　　　书　刘玉娜

科技丛书编辑部

负 责 人　杨　蒿

本册编辑　刘玉娜

《中国工程物理研究院科技丛书》
出 版 书 目

001 高能炸药及相关物性能
　　　董海山　周芬芬　主编　　　　科学出版社　1989年11月

002 光学高速摄影测试技术
　　　谭显祥　编著　　　　　　　　科学出版社　1990年02月

003 凝聚炸药起爆动力学
　　　章冠人　陈大年　编著　　　　国防工业出版社　1991年09月

004 线性代数方程组的迭代解法
　　　胡家赣　著　　　　　　　　　科学出版社　1991年12月

005 映象与混沌
　　　陈式刚　编著　　　　　　　　国防工业出版社　1992年06月

006 再入遥测技术（上册）
　　　谢铭勋　编著　　　　　　　　国防工业出版社　1992年06月

007 再入遥测技术（下册）
　　　谢铭勋　编著　　　　　　　　国防工业出版社　1992年12月

008 高温辐射物理与量子辐射理论
　　　李世昌　著　　　　　　　　　国防工业出版社　1992年10月

009 粘性消去法和差分格式的粘性
　　　郭柏灵　著　　　　　　　　　科学出版社　1993年03月

010 无损检测技术及其应用
　　　张俊哲　等　著　　　　　　　科学出版社　1993年05月

011 半导体材料的辐射效应
　　　曹建中　等　著　　　　　　　科学出版社　1993年05月

012 炸药热分析
　　　楚士晋　著　　　　　　　　　科学出版社　1993年12月

013 脉冲辐射场诊断技术
　　　刘庆兆　等　著　　　　　　　科学出版社　1994年12月

014 放射性核素活度测量的方法和技术
　　　古当长　著　　　　　　　　　科学出版社　1994年12月

015 二维非定常流和激波
　　　王继海　著　　　　　　　　　科学出版社　1994年12月

016	抛物型方程差分方法引论		
	李德元　陈光南　著	科学出版社	1995 年 12 月
017	特种结构分析		
	刘新民　韦日演　编著	国防工业出版社	1995 年 12 月
018	理论爆轰物理		
	孙锦山　朱建士　著	国防工业出版社	1995 年 12 月
019	可靠性维修性可用性评估手册		
	潘吉安　编著	国防工业出版社	1995 年 12 月
020	脉冲辐射场测量数据处理与误差分析		
	陈元金　编著	国防工业出版社	1997 年 01 月
021	近代成象技术与图象处理		
	吴世法　编著	国防工业出版社	1997 年 03 月
022	一维流体力学差分方法		
	水鸿寿　著	国防工业出版社	1998 年 02 月
023	抗辐射电子学——辐射效应及加固原理		
	赖祖武　等　编著	国防工业出版社	1998 年 07 月
024	金属的环境氢脆及其试验技术		
	周德惠　谭云　编著	国防工业出版社	1998 年 12 月
025	实验核物理测量中的粒子分辨		
	段绍节　编著	国防工业出版社	1999 年 06 月
026	实验物态方程导引(第二版)		
	经福谦　著	科学出版社	1999 年 09 月
027	无穷维动力系统		
	郭柏灵　著	国防工业出版社	2000 年 01 月
028	真空吸取器设计及应用技术		
	单景德　编著	国防工业出版社	2000 年 01 月
029	再入飞行器天线		
	金显盛　著	国防工业出版社	2000 年 03 月
030	应用爆轰物理		
	孙承纬　卫玉章　周之奎　著	国防工业出版社	2000 年 12 月
031	混沌的控制、同步与利用		
	王光瑞　于熙龄　陈式刚　编著	国防工业出版社	2000 年 12 月
032	激光干涉测速技术		
	胡绍楼　著	国防工业出版社	2000 年 12 月
033	气体炮原理及技术		
	王金贵　编著	国防工业出版社	2000 年 12 月
034	一维不定常流与冲击波		
	李维新　编著	国防工业出版社	2001 年 05 月

035	X射线与真空紫外辐射源及其计量技术		
	孙景文 编著	国防工业出版社	2001年08月
036	含能材料热谱集		
	董海山 胡荣祖 姚朴 张孝仪 编著	国防工业出版社	2001年10月
037	材料中的氦及氚渗透		
	王佩璇 宋家树 编著	国防工业出版社	2002年04月
038	高温等离子体X射线谱学		
	孙景文 编著	国防工业出版社	2003年01月
039	激光核聚变靶物理基础		
	张钧 常铁强 著	国防工业出版社	2004年06月
040	系统可靠性工程		
	金碧辉 主编	国防工业出版社	2004年06月
041	核材料γ特征谱的测量和分析技术		
	田东风 龚健 伍钧 胡思得 编著	国防工业出版社	2004年06月
042	高能激光系统		
	苏毅 万敏 编著	国防工业出版社	2004年06月
043	近可积无穷维动力系统		
	郭柏灵 高平 陈瀚林 著	国防工业出版社	2004年06月
044	半导体器件和集成电路的辐射效应		
	陈盘训 著	国防工业出版社	2004年06月
045	高功率脉冲技术		
	刘锡三 编著	国防工业出版社	2004年08月
046	热电池		
	陆瑞生 刘效疆 编著	国防工业出版社	2004年08月
047	原子结构、碰撞与光谱理论		
	方泉玉 颜君 著	国防工业出版社	2006年01月
048	非牛顿流动力系统		
	郭柏灵 林国广 尚亚东 著	国防工业出版社	2006年02月
049	动高压原理与技术		
	经福谦 陈俊祥 主编	国防工业出版社	2006年03月
050	直线感应电子加速器		
	邓建军 主编	国防工业出版社	2006年10月
051	中子核反应激发函数		
	田东风 孙伟力 编著	国防工业出版社	2006年11月
052	实验冲击波物理导引		
	谭华 著	国防工业出版社	2007年03月
053	核军备控制核查技术概论		
	刘成安 伍钧 编著	国防工业出版社	2007年03月

054	**强流粒子束及其应用**		
	刘锡三　著	国防工业出版社	2007 年 05 月
055	**氕和氚的工程技术**		
	蒋国强　罗德礼　陆光达　孙灵霞　编著	国防工业出版社	2007 年 11 月
056	**中子学宏观实验**		
	段绍节　编著	国防工业出版社	2008 年 05 月
057	**高功率微波发生器原理**		
	丁　武　著	国防工业出版社	2008 年 05 月
058	**等离子体中辐射输运和辐射流体力学**		
	彭惠民　编著	国防工业出版社	2008 年 08 月
059	**非平衡统计力学**		
	陈式刚　编著	科学出版社	2010 年 02 月
060	**高能硝胺炸药的热分解**		
	舒远杰　著	国防工业出版社	2010 年 06 月
061	**电磁脉冲导论**		
	王泰春　贺云汉　王玉芝　著	国防工业出版社	2011 年 03 月
062	**高功率超宽带电磁脉冲技术**		
	孟凡宝　主编	国防工业出版社	2011 年 11 月
063	**分数阶偏微分方程及其数值解**		
	郭柏灵　蒲学科　黄凤辉　著	科学出版社	2011 年 11 月
064	**快中子临界装置和脉冲堆实验物理**		
	贺仁辅　邓门才　编著	国防工业出版社	2012 年 02 月
065	**激光惯性约束聚变诊断学**		
	温树槐　丁永坤　等　编著	国防工业出版社	2012 年 04 月
066	**强激光场中的原子、分子与团簇**		
	刘　杰　夏勤智　傅立斌　著	科学出版社	2014 年 02 月
067	**螺旋波动力学及其控制**		
	王光瑞　袁国勇　著	科学出版社	2014 年 11 月
068	**氚化学与工艺学**		
	彭述明　王和义　主编	国防工业出版社	2015 年 04 月
069	**微纳米含能材料**		
	曾贵玉　聂福德　等　著	国防工业出版社	2015 年 05 月
070	**迭代方法和预处理技术（上册）**		
	谷同祥　安恒斌　刘兴平　徐小文　编著	科学出版社	2016 年 01 月
071	**迭代方法和预处理技术（下册）**		
	谷同祥　徐小文　刘兴平　安恒斌　杭旭登　编著	科学出版社	2016 年 01 月
072	**放射性测量及其应用**		
	蒙大桥　杨明太　主编	国防工业出版社	2018 年 01 月

编号	书名	作者	出版社	出版时间
073	核军备控制核查技术导论	刘恭梁 解东 朱剑钰 编著	中国原子能出版社	2018 年 01 月
074	实验冲击波物理	谭华 著	国防工业出版社	2018 年 05 月
075	粒子输运问题的蒙特卡罗模拟方法与应用(上册)	邓力 李刚 著	科学出版社	2019 年 06 月
076	核能未来与 Z 箍缩驱动聚变裂变混合堆	彭先觉 刘成安 师学明 著	国防工业出版社	2019 年 12 月
077	海水提铀	汪小琳 文君 著	科学出版社	2020 年 12 月
078	装药化爆安全性	刘仓理 等 编著	科学出版社	2021 年 01 月
079	炸药晶态控制与表征	黄明 段晓惠 编著	西北工业大学出版社	2020 年 11 月
080	跟踪引导计算与瞄准偏置理论	游安清 张家如 著	西南交通大学出版社	2022 年 08 月
081	复杂介质动理学	许爱国 张玉东 著	科学出版社	2022 年 11 月
082	金属铀氢化腐蚀	汪小琳 著	科学出版社	2023 年 05 月
083	高能 X 射线闪光照相及其图像处理	许海波 刘军 施将君 编著	国防工业出版社	2024 年 01 月
084	典型有机高分子材料的贮存老化性能与失效分析	杨强 魏齐龙 孙朝明 著	国防工业出版社	2024 年 02 月

前　言

高分子材料是一类重要的现代工程材料,在各行各业均有重要应用。然而,高分子材料的老化是应用过程中不得不面临的重要问题,因此高分子材料的老化研究对其使用寿命评估和防老化具有重要意义。

自20世纪20年代现代高分子材料诞生以来,由于其具有质轻、比强度高等诸多优点,在工业界得到了空前的发展,目前年产量已超过金属材料,成为最重要的材料种类。鉴于高分子材料的主要缺点是易受环境因素影响发生性能劣化(老化),美国、俄罗斯、日本等国家对高分子材料的老化问题高度重视,已对传统的各种高分子材料的环境老化问题开展了不同程度的研究,研究内容主要集中于高分子材料在自然老化和人工加速老化两种试验条件下的性能变化及两者之间的关联,且获得了较全面的研究成果。国内也有不少单位开展过有关高分子材料在国内典型自然环境下的老化研究,并取得了一定的科研成果。

本书汇集了作者十余年在高分子材料老化研究方面取得的重要成果和结论,系统论述了典型有机高分子材料在贮存过程中的老化性能变化情况,包括聚碳酸酯(PC)的伽马射线辐射老化,聚砜(PSU)的伽马射线辐射老化,有机玻璃(PMMA)的伽马射线辐射老化,聚碳酸酯、聚砜与有机玻璃的贮存老化性能,聚碳酸酯螺套部件贮存开裂的原因及机理,以及环氧树脂金属黏接件的贮存老化性能等。书中论述的加速老化行为涉及水解老化、湿热老化、热解老化、辐射老化、模拟应力老化、综合老化等,并与常规老化试验结果进行了对比,基本涵盖了上述几种典型有机高分子材料在实际工况中可能遇到的环境条件。同时,本书采用高剂量率伽马射线辐射老化数据对聚碳酸酯、聚砜等材料进行寿命评估,利用低剂量率伽马射线辐射修正因子进行寿命的修正计算。

全书共分为8章。第1章绪论,介绍了典型有机高分子材料的定义、分类和特点,老化问题的概况介绍、研究现状和评述等。第2章老化试验方法与分析方法,介绍了相关老化试验方法和性能分析测试与表征方法。第3章聚碳酸酯的伽马射线辐射老化,介绍了伽马射线辐射对聚碳酸酯结构与性能的影响、聚碳酸酯伽马射线辐射老化寿命评估等内容。第4章聚砜的伽马射线辐射老化,介绍了伽马射线辐射对聚砜结构与性能的影响、聚砜伽马射线辐射老化寿命评估等方面的研究进展。第5章有机玻璃的伽马射线辐射老化,介绍了伽马射线辐射对有机玻璃结构与性能的影响、有机玻璃伽马射线辐射老化寿命评估等内容。第6章聚碳酸酯、聚砜和有机玻璃的贮存老化性能,介绍了聚碳酸酯、聚砜和有机玻璃在温度老化、湿热老化、模拟应力老化等多种常规贮存条件下的老化性能变化。第7章聚碳酸酯螺套部件贮存开裂的原因及机理,对聚碳酸酯螺套部件贮存开裂的原因及机理进行了理论分析并得出结果,同时介绍了长期贮存、环境气氛贮存、应力加载贮存等对螺套部件的内应力及其分布的影响。第8章环氧树脂金属黏接件的贮存老化性能,介绍了环氧树脂金属黏接件在水浸泡老化、加压水解老化、伽马射线辐射老化、湿热老化、综合老化等多种贮存条件下的研究进展,并对黏接件的寿命预测进行了探索。

杨强负责第 1~8 章的主要编写工作以及全书的统稿工作,魏齐龙参与了第 7 章的编写工作,孙朝明参与了第 8 章的编写工作。

感谢岳晓斌所长和何建国主任对本书提出了宝贵的修改意见。徐坚教授、叶林教授、钟发春研究员、黄玮研究员等对书稿内容进行了审读并给出建议,在此表示衷心感谢。感谢关堃研究员对"环氧树脂金属黏接件老化"课题的指导,刘俊、袁明康、李明珍、毕雅敏、熊国刚、刘宝等课题组成员对相关课题研究所做的贡献。同时,感谢《中国工程物理研究院科技丛书》和国防科技图书出版基金对本书出版给予的大力支持。

十年磨一剑,由于作者水平有限,书中难免有不妥之处,敬请读者批评指正!

杨　强

2023 年 3 月

于中国工程物理研究院

目 录

第1章 绪论 ... 1

1.1 典型有机高分子材料的定义、分类和特点 ... 1
1.2 老化研究概论 ... 2
1.2.1 老化现象 ... 2
1.2.2 老化的内在因素 ... 2
1.2.3 老化的外部因素 ... 3
1.2.4 材料的主要老化试验方法 ... 3
1.2.5 国内外研究现状 ... 4
1.2.6 高分子材料老化研究中的主要问题 ... 8
参考文献 ... 8

第2章 老化试验方法与分析方法 ... 11

2.1 老化试验方法 ... 11
2.1.1 辐射老化试验方法 ... 11
2.1.2 常规老化试验方法 ... 11
2.1.3 装配件贮存老化试验方法 ... 13
2.1.4 黏接试样老化试验方法 ... 13
2.2 老化试样分析测试 ... 14
2.2.1 力学性能 ... 14
2.2.2 化学结构的红外光谱 ... 14
2.2.3 断口形貌与外观形貌 ... 15
2.2.4 玻璃化转变温度 ... 15
2.2.5 分子量及其分布 ... 15
2.2.6 表面化学状态 ... 15
2.2.7 结构尺寸 ... 15
2.2.8 光弹法内应力 ... 16
参考文献 ... 16

第3章 聚碳酸酯的伽马射线辐射老化 ... 17

3.1 聚碳酸酯的辐射老化机理研究进展 ... 17
3.2 高剂量率伽马射线辐射对聚碳酸酯结构与性能的影响 ... 19

  3.2.1 力学性能 ······ 19
  3.2.2 断口形貌 ······ 20
  3.2.3 玻璃化转变温度 ······ 21
  3.2.4 化学结构 ······ 22
  3.2.5 分子量及其分布 ······ 23
  3.2.6 表面化学状态 ······ 24
 3.3 伽马射线辐射降解动力学 ······ 24
 3.4 高、低剂量率伽马射线辐射对聚碳酸酯性能的影响的对比 ······ 26
  3.4.1 力学性能 ······ 26
  3.4.2 分子量及其分布 ······ 27
  3.4.3 数均聚合度 ······ 28
  3.4.4 外观形貌 ······ 28
 3.5 低剂量率伽马射线辐射对老化试样结构尺寸的影响 ······ 30
 3.6 聚碳酸酯的伽马射线辐射老化寿命评估 ······ 30
 3.7 小结 ······ 32
 参考文献 ······ 33

第4章 聚砜的伽马射线辐射老化 ······ 34

 4.1 聚砜的辐射老化机理研究进展 ······ 34
 4.2 高剂量率伽马射线辐射对聚砜结构与性能的影响 ······ 35
  4.2.1 力学性能 ······ 36
  4.2.2 化学结构 ······ 38
  4.2.3 断口形貌 ······ 40
  4.2.4 玻璃化转变温度 ······ 41
  4.2.5 分子量及其分布 ······ 41
  4.2.6 表面化学状态 ······ 43
 4.3 伽马射线辐射降解动力学 ······ 44
 4.4 高、低剂量率伽马射线辐射对聚砜性能的影响的对比 ······ 45
  4.4.1 力学性能 ······ 45
  4.4.2 分子量及其分布 ······ 46
  4.4.3 数均聚合度 ······ 47
 4.5 低剂量率伽马射线辐射对聚砜性能的影响 ······ 48
  4.5.1 外观形貌 ······ 48
  4.5.2 结构尺寸 ······ 48
 4.6 聚砜的伽马射线辐射老化寿命评估 ······ 49
  4.6.1 聚砜的伽马射线辐射老化寿命评估体系的建立 ······ 49
  4.6.2 聚砜的伽马射线辐射老化寿命的初步评估与剂量率修正计算 ······ 51
 4.7 小结 ······ 52
 参考文献 ······ 52

第5章 有机玻璃的伽马射线辐射老化 ... 54

5.1 有机玻璃的辐射老化机理研究进展 ... 54
5.2 伽马射线辐射对有机玻璃性能的影响 ... 56
    5.2.1 力学性能 ... 56
    5.2.2 结构尺寸 ... 57
    5.2.3 外观形貌 ... 58
    5.2.4 损伤程度 ... 59
    5.2.5 分子量及其分布 ... 60
    5.2.6 数均聚合度 ... 61
5.3 伽马射线辐射降解动力学 ... 62
5.4 高、低剂量率伽马射线辐射对有机玻璃力学性能的影响的对比 ... 63
5.5 有机玻璃材料伽马射线辐射老化寿命评估 ... 63
5.6 小结 ... 64
参考文献 ... 65

第6章 聚碳酸酯、聚砜和有机玻璃的贮存老化性能 ... 66

6.1 聚碳酸酯、聚砜和有机玻璃的老化研究进展 ... 66
6.2 老化试样在贮存过程中的性能变化 ... 68
    6.2.1 力学性能 ... 68
    6.2.2 分子量及其分布 ... 72
    6.2.3 玻璃化转变温度 ... 80
    6.2.4 平均结构尺寸 ... 82
6.3 贮存平行试验中的结构尺寸变化 ... 92
    6.3.1 有机玻璃圆片 ... 92
    6.3.2 聚砜圆片 ... 93
    6.3.3 聚碳酸酯压盖 ... 95
6.4 其他贮存性能 ... 96
    6.4.1 长期贮存的聚砜棒料的力学性能 ... 96
    6.4.2 材料拉伸强度的数据分散性 ... 96
6.5 小结 ... 97
参考文献 ... 98

第7章 聚碳酸酯螺套部件贮存开裂的原因及机理 ... 100

7.1 聚碳酸酯部件开裂的原因及机理研究进展 ... 100
7.2 聚碳酸酯螺套部件贮存开裂原因及机理的理论分析 ... 104
    7.2.1 螺套部件贮存开裂的外因分析 ... 104
    7.2.2 螺套部件贮存开裂的内因分析 ... 104
    7.2.3 螺套部件贮存开裂原因综合分析 ... 108

7.3 长期贮存对螺套部件的内应力及其分布的影响 …………………… 108
7.4 机械加工过程对螺套部件内应力的引入/去除的影响 ……………… 111
 7.4.1 去应力热处理对聚碳酸酯圆片内应力及其分布的影响 ……… 111
 7.4.2 精加工和去应力热处理对螺套部件的内应力及其分布的影响 … 113
7.5 环境气氛贮存对螺套组合件的内应力及其分布的影响 …………… 118
7.6 应力加载对螺套组合件的影响 ……………………………………… 125
 7.6.1 应力加载贮存对内应力及其分布的影响 ……………………… 125
 7.6.2 步进应力试验与开裂复现试验 ………………………………… 127
7.7 螺套加载装配应力后内应力及其分布的数值模拟 ………………… 130
7.8 断口试样的分析表征 ………………………………………………… 131
 7.8.1 FTIR 光谱分析 ………………………………………………… 131
 7.8.2 拉曼光谱分析 …………………………………………………… 132
 7.8.3 XPS 谱分析 ……………………………………………………… 132
 7.8.4 SEM 分析 ………………………………………………………… 132
7.9 聚碳酸酯螺套开裂的三种机理 ……………………………………… 134
7.10 对产品贮存问题的重新梳理和产品有效性分析 ………………… 134
7.11 小结 ………………………………………………………………… 135
参考文献 …………………………………………………………………… 135

第8章 环氧树脂金属黏接件的贮存老化性能 ……………………………… 137

8.1 环氧树脂及黏接件的老化研究进展 ………………………………… 137
 8.1.1 环氧树脂的老化过程与老化机理 ……………………………… 137
 8.1.2 环氧树脂的老化过程的研究方法和耐久性评定方法 ………… 139
 8.1.3 环境腐蚀对环氧树脂黏接接头的作用 ………………………… 139
 8.1.4 环氧树脂材料及黏结剂的老化试验现状 ……………………… 139
 8.1.5 黏接金属接头及有机材料的老化模型 ………………………… 140
8.2 环氧树脂金属黏接件的贮存老化性能分析 ………………………… 141
 8.2.1 水浸泡老化试样性能 …………………………………………… 141
 8.2.2 加压水解老化试样性能 ………………………………………… 141
 8.2.3 低剂量伽马射线辐射老化试样性能 …………………………… 143
 8.2.4 高剂量伽马射线辐射老化试样性能 …………………………… 143
 8.2.5 高低温循环老化试样性能 ……………………………………… 144
 8.2.6 恒温热解老化试样性能 ………………………………………… 145
 8.2.7 湿热老化试样性能 ……………………………………………… 146
 8.2.8 综合老化试样性能 ……………………………………………… 146
 8.2.9 常规老化试样性能 ……………………………………………… 147
8.3 环氧树脂金属黏接件的贮存老化数学模型 ………………………… 148
 8.3.1 加压水解老化方程 ……………………………………………… 148
 8.3.2 伽马射线辐射老化方程 ………………………………………… 148

8.3.3 常规老化方程 …………………………………………………… 149
　　8.3.4 高低温循环老化方程 ……………………………………………… 150
　　8.3.5 综合老化方程求解与寿命预测 …………………………………… 151
8.4 小结 …………………………………………………………………………… 155
参考文献 …………………………………………………………………………… 155

Contents

Chapter 1 Introduction ··········· 1

1.1 Definition, Classification and Characteristics of Typical Organic Polymer Materials ··········· 1
1.2 Introduction to Ageing Study ··········· 2
    1.2.1 Ageing Phenomenon ··········· 2
    1.2.2 Intrinsic Factors of Ageing ··········· 2
    1.2.3 External Factors of Ageing ··········· 3
    1.2.4 Main Ageing Testing Methods ··········· 3
    1.2.5 Research Status at Home and Abroad ··········· 4
    1.2.6 Main Problems in Polymer Materials Ageing Study ··········· 8
References ··········· 8

Chapter 2 Ageing Testing Methods and Analytical Methods ··········· 11

2.1 Ageing Testing Methods ··········· 11
    2.1.1 Radiation Ageing Methods ··········· 11
    2.1.2 Conventional Ageing Methods ··········· 11
    2.1.3 Assembly Parts Storage Ageing Methods ··········· 13
    2.1.4 Bonded Samples Ageing Methods ··········· 13
2.2 Analysis and Measurement of Ageing Samples ··········· 14
    2.2.1 Mechanical Properties ··········· 14
    2.2.2 FTIR of Chemical Structure ··········· 14
    2.2.3 Fracture Morphology and Appearance Morphology ··········· 15
    2.2.4 Glass Transition Temperature ··········· 15
    2.2.5 Molecular Weights and Its Distribution ··········· 15
    2.2.6 Surface Chemical State ··········· 15
    2.2.7 Structural Dimensions ··········· 15
    2.2.8 Photoelasticity Intrinsic Stress ··········· 16
References ··········· 16

Chapter 3 Gamma-ray Radiation Ageing of Polycarbonate ··········· 17

3.1 Research Progress on Mechanism of Radiation Ageing of Polycarbonate ··········· 17

3.2 Effect of High Dose Rate Gamma-ray Radiation on Structure and
    Properties of Polycarbonate ……………………………………………………… 19
    3.2.1 Mechanical Properties ……………………………………………………… 19
    3.2.2 Fracture Morphology ……………………………………………………… 20
    3.2.3 Glass Transition Temperature …………………………………………… 21
    3.2.4 Chemical Structure ………………………………………………………… 22
    3.2.5 Molecular Weights and Its Distribution ……………………………… 23
    3.2.6 Surface Chemical State …………………………………………………… 24
3.3 Gamma-ray Radiation Degradation Dynamics ……………………………… 24
3.4 Contrast for Effect of High, Low Dose Rate Gamma-ray Radiation on
    Properties of Polycarbonate …………………………………………………… 26
    3.4.1 Mechanical Properties ……………………………………………………… 26
    3.4.2 Molecular Weights and Its Distribution ……………………………… 27
    3.4.3 Number-Averaged Polymerization Degree …………………………… 28
    3.4.4 Appearance Morphology …………………………………………………… 28
3.5 Effect of Low Dose Rate Gamma-ray Radiation on Structural
    Dimensions of Polycarbonate Samples ………………………………………… 30
3.6 Evaluation of Gamma-ray Radiation Ageing Lifetime of Polycarbonate …… 30
3.7 Summary ……………………………………………………………………………… 32
References …………………………………………………………………………………… 33

Chapter 4 Gamma-ray Radiation Ageing of Polysulfone …………………………… 34

4.1 Research Progress on Mechanism of Radiation Ageing of Polysulfone …… 34
4.2 Effect of High Dose Rate Gamma-ray Radiation on Structure and
    Properties of Polysulfone ………………………………………………………… 35
    4.2.1 Mechanical Properties ……………………………………………………… 36
    4.2.2 Chemical Structure ………………………………………………………… 38
    4.2.3 Fracture Morphology ……………………………………………………… 40
    4.2.4 Glass Transition Temperature …………………………………………… 41
    4.2.5 Molecular Weights and Its Distribution ……………………………… 41
    4.2.6 Surface Chemical State …………………………………………………… 43
4.3 Gamma-ray Radiation Degradation Dynamics ……………………………… 44
4.4 Contrast for Effect of High, Low Dose Rate Gamma-ray Radiation on
    Properties of Polysulfone ………………………………………………………… 45
    4.4.1 Mechanical Properties ……………………………………………………… 45
    4.4.2 Molecular Weights and Its Distribution ……………………………… 46
    4.4.3 Number-averaged Polymerization Degree …………………………… 47
4.5 Effect of Low Dose Rate Gamma-ray Radiation on Properties of Polysulfone …… 48
    4.5.1 Appearance Morphology …………………………………………………… 48

	4.5.2	Structural Dimensions	48
4.6	Evaluation of Gamma-ray Radiation Ageing Lifetime of Polysulfone		49
	4.6.1	Establishment of Gamma-ray Radiation Ageing Lifetime Evaluation System for Polysulfone	49
	4.6.2	Preliminary Evaluation of Gamma-ray Radiation Ageing Lifetime of Polysulfone and Calculation of Dose Rate Correction	51
4.7	Summary		52
References			52

Chapter 5 Gamma-ray Radiation Ageing of Poly(Methyl Methacrylate) · · · · · · 54

5.1	Research Progress on Mechanism of Radiation Degradation of PMMA		54
5.2	Effect of Gamma-ray Radiation on Properties of PMMA		56
	5.2.1	Mechanical Properties	56
	5.2.2	Structural Dimensions	57
	5.2.3	Appearance Morphology	58
	5.2.4	Damage Degree	59
	5.2.5	Molecular Weights and Its Distribution	60
	5.2.6	Number-averaged Polymerization Degree	61
5.3	Gamma-ray Radiation Degradation Dynamics		62
5.4	Contrast for Effect of High, Low Dose Rate Gamma-ray Radiation on Mechanical Properties of PMMA		63
5.5	Evaluation of Gamma-ray Radiation Ageing Lifetime of PMMA		63
5.6	Summary		64
References			65

Chapter 6 Storage Ageing Properties of PC, PSU and PMMA · · · · · · 66

6.1	Research Progress on Ageing of PC, PSU and PMMA		66
6.2	Properties Variation of Aged Samples During Storage		68
	6.2.1	Mechanical Properties	68
	6.2.2	Molecular Weights and Its Distribution	72
	6.2.3	Glass Transition Temperature	80
	6.2.4	Averaged Structural Dimensions	82
6.3	Structural Dimensions Variation During Storage Parallel Testing		92
	6.3.1	PMMA Round Pieces	92
	6.3.2	PSU Round Pieces	93
	6.3.3	PC Gland	95
6.4	Other Storage Properties		96
	6.4.1	Mechanical Properties of Long-term Stored PSU Bar	96
	6.4.2	Data Dispersion of Tensile Strength for PMMA, PSU and PC	96

6.5　Summary ··· 97
References ··· 98

Chapter 7　The Causes and Mechanisms of Storage Cracking of PC Screw Sleeve Parts ·· 100

7.1　Research Progress on Cracking Causes and Mechanisims of PC Parts ············ 100
7.2　Theoretical Analysis of Causes and Mechanisms of Storge Cracking of PC Screw Sleeve Parts ··· 104
　　7.2.1　External Factors Analysis of Storage Cracking of Screw Sleeve Parts ······ 104
　　7.2.2　Intrinsic Factors Analysis of Storage Cracking of Screw Sleeve Parts ······ 104
　　7.2.3　Comprehensive Causes Analysis of Storage Cracking of Screw Sleeve Parts ·· 108
7.3　Effect of Long-term Storage on Intrinsic Stress and Its Distribution of Screw Sleeve Parts ··· 108
7.4　Effect of Mechanical Processing on The Introducing/Removing of Intrinsic Stress in Screw Sleeve Parts ··· 111
　　7.4.1　Effect of De-stress Heat Treatment on Intrinsic Stress and Its Distribution in PC Round Pieces ······································· 111
　　7.4.2　Effect of Finish Machining and De-stress Heat Treatment on Intrinsic Stress and Its Distribution in PC Screw Sleeve Parts ················ 113
7.5　Effect of Environmental Atmosphere Storage on Intrinsic Stress and Its Distribution in PC Screw Sleeve Assembly Parts ··························· 118
7.6　Effect of Stress Loading on Screw Sleeve Assembly Parts ······················· 125
　　7.6.1　Effect of Stress Loading Storage on Intrinsic Stress and Its Distribution ·· 125
　　7.6.2　Stepping Stress Test and Cracking Reappearance Test ·················· 127
7.7　Numerical Simulation of Intrinsic Stress and Its Distribution in PC Screw Sleeve After Assembly Stress Loading ··· 130
7.8　PC Fractural Surface Sample Analysis ··· 131
　　7.8.1　FTIR Spectrum Analysis ··· 131
　　7.8.2　Raman Spectrum Analysis ··· 132
　　7.8.3　XPS Spectrum Analysis ·· 132
　　7.8.4　SEM Analysis ··· 132
7.9　Three Possible Cracking Mechanisms for PC Screw Sleeve ······················ 134
7.10　Reconsideration of The Product's Storage Problem and The Validity Analysis ··· 134
7.11　Summary ··· 135
References ··· 135

Chapter 8 The Storage Ageing Properties of Epoxy Resin Bonded Metal Parts ... 137

- 8.1 Research Progress on Epoxy Resin and Bonded Parts Ageing Study ... 137
  - 8.1.1 The Ageing Process and Ageing Mechanism of Epoxy Resin ... 137
  - 8.1.2 Research Methods of Ageing Process and Durability Evaluation Methods of Epoxy Resin ... 139
  - 8.1.3 Effect of Environmental Corrosion on Epoxy Resin Bonded Joints ... 139
  - 8.1.4 Research Status on Ageing Test of Epoxy Resin Adhesive ... 139
  - 8.1.5 The Ageing Models for Bonded Metal Joints and Organic Materials ... 140
- 8.2 The Storage Ageing Properties Analysis for Epoxy Resin Bonded Metal Parts ... 141
  - 8.2.1 Properties of Water Immersion Aged Samples ... 141
  - 8.2.2 Properties of Pressurized Hydrolysis Aged Samples ... 141
  - 8.2.3 Properties of Low Dose Gamma-ray Radiation Aged Samples ... 143
  - 8.2.4 Properties of High Dose Gamma-ray Radiation Aged Samples ... 143
  - 8.2.5 Properties of High-Low Temperature Cyclic Aged Samples ... 144
  - 8.2.6 Properties of Constant Temperture Thermalysis Aged Samples ... 145
  - 8.2.7 Properties of Hygrothermal Aged Samples ... 146
  - 8.2.8 Properties of Comprehensive Aged Samples ... 146
  - 8.2.9 Properties of Conventional Aged Samples ... 147
- 8.3 The Storage Ageing Mathematical Models for Epoxy Resin Bonded Metal Parts ... 148
  - 8.3.1 Pressurized Hydrolysis Ageing Equation ... 148
  - 8.3.2 Gamma-ray Radiation Ageing Equation ... 148
  - 8.3.3 Conventional Ageing Equation ... 149
  - 8.3.4 High-Low Temperature Cyclic Ageing Equation ... 150
  - 8.3.5 Solution of Comprehensive Ageing Equation and Lifetime Prediction ... 151
- 8.4 Summary ... 155
- References ... 155

第1章 绪 论

现代高分子材料的发展始于20世纪20年代,目前其在世界上的年产量已经超过金属,成为最重要的材料品种之一。高分子材料具有诸多优良性能,如密度轻、不生锈、易加工、高绝缘、强度高、尺寸稳定性好、耐热性好等。但是,高分子材料在服役过程中的老化降解,即环境因素影响下的性能下降,是其应用中普遍存在的现象。它缩短了高分子材料的服役寿命,不仅使各类工程设施及设备过早受到损坏而带来巨大的经济损失,并且使设备的可靠性降低,带来安全隐患[1]。因此,开展高分子材料的老化性能和失效分析研究,建立材料老化行为数据库,对高分子材料的使用寿命评估和抗老化技术具有重要的工程意义。本章首先对典型有机高分子材料进行了定义和分类;然后介绍了高分子材料老化研究领域的概况、研究现状和存在的主要问题。

1.1 典型有机高分子材料的定义、分类和特点

高分子材料是由单体聚合而成,因此也称聚合物。在本书中,我们将典型有机高分子材料定义为主链结构为碳链或杂链的高分子材料,以及侧基为有机基团的元素有机高分子材料。它们可按结构或性能进行分类。

从结构上看,典型有机高分子材料分为碳链有机高分子材料、杂链有机高分子材料和元素有机高分子材料三类。其中,碳链高分子材料的主链上全部为碳原子,共同特征是可塑性较好、化学性质较稳定,但机械强度一般、耐热性较差;杂链高分子材料的主链上除碳原子外,还有氧、氮、硫等原子,这类高分子材料比碳链高分子的耐热性和强度明显提高,但主链官能团的存在使其化学稳定性较差;而元素有机高分子的主链上没有碳原子,主要由硅、氧、硼、钛、铝等原子组成,高分子链的侧基却是有机基团。这类高分子一方面保持了有机高分子的可塑性和弹性、良好的成型加工性以及电绝缘性;另一方面兼有无机物的优良热稳定性[2]。有机玻璃(聚甲基丙烯酸甲酯)属于碳链高分子材料,而聚碳酸酯(主链含碳、氧原子)、聚砜(主链含碳、氧、硫原子)、环氧树脂(主链含碳、氧、氮原子)属于杂链高分子材料,而硅橡胶(聚二甲基硅氧烷)等则属于元素有机高分子材料。

从性能上看,典型有机高分子材料分为热塑性高分子材料和热固性高分子材料两大类。热塑性高分子材料具有线性分子结构,主链之间没有化学键,依靠范德瓦耳斯力堆砌成为高分子材料;它们在有机溶剂中可以溶解,受热可以熔化,在受热和外力作用下分子链之间可以发生相互滑移,具有易于加工、应用方便的特点;聚碳酸酯、聚砜、有机玻璃属于热塑性高分子材料。热固性高分子材料具有交联网状分子结构;它们受热不熔化,在有机溶剂中不溶解,有交联剂存在时在常温下即可交联(大分子链之间的化学键连接)固化,而加热更能促进交联固化;环氧树脂属于热固性高分子材料。

1.2　老化研究概论

通俗地讲,老化就是高分子材料的性能由好变坏的一个过程。随着时间的推移,在材料中持续发生着各种可逆或不可逆的物理化学性质变化,从而造成材料老化即性能退化。老化有物理老化和化学老化两种,物理老化是可逆的变化,化学老化是不可逆的变化[3]。

物理老化不涉及高分子材料分子结构的变化,仅仅是由于物理作用而发生的变化。物理老化可能是最常见的老化形式,常伴随其他老化形式发生。当一种高分子材料处于非平衡态,受到驱动材料返回平衡态的力作用而发生分子松弛时,就会引起物理老化。该现象很常见,在热塑性高分子材料的成型操作过程,尤其是从高温下快速冷却后的铸模过程中经常会遇到[4]。

化学老化是指高分子材料(包括塑料、橡胶、纤维、涂料、黏结剂等)在加工、贮存、运输和使用过程中,在各种外界环境因素(如热、光照、辐射、氧、臭氧、湿气等)的影响下,其分子结构发生变化,如主链断裂或侧基脱落,从而出现性能下降,以至于最后丧失使用价值的现象[3]。

1.2.1　老化现象

由于高分子材料品种不同,使用条件各异,因而有不同的老化现象和特征。例如,农用塑料薄膜经过日晒雨淋后发生变色、变脆、透明度下降;航空有机玻璃用久后出现银纹,透明度下降;橡胶制品长久使用后弹性下降、变硬、开裂或者变软、发黏;涂料长久使用后发生失光、粉化、气泡、剥落等。老化现象归纳起来有下列6种变化[2-3]。

(1) 外观的变化:出现污渍、斑点、银纹、裂缝、喷霜、粉化、发黏、翘曲、鱼眼、起皱、收缩、焦烧、光学畸变以及光学颜色的变化。

(2) 物理性能的变化:包括溶解性、溶胀性、流变性能以及耐寒、耐热、透水、透气等性能的变化。

(3) 力学性能的变化:包括拉伸强度、弯曲强度、剪切强度、冲击强度、相对伸长率、应力松弛等性能的变化。

(4) 电性能的变化:包括表面电阻、体积电阻、介电常数、电击穿强度等性能的变化。

(5) 质量的变化:增重或减重。

(6) 其他性能的变化:包括光学性能的透光、吸光、反光等变化,声学性能的透声、吸声、反声等变化,以及导磁性能的变化等。

高分子材料的老化是内、外因素共同作用的结果。

1.2.2　老化的内在因素

高分子材料老化的内在因素包括以下四种[1,3]。

(1) 化学结构:高分子材料发生老化与本身的化学结构有密切关系,化学结构的弱键部位(如不饱和双键、支链、羰基、末端羟基等易于老化的弱点)容易受到外界因素的影响发生断裂,成为自由基,进而引发自由基反应。

(2) 物理形态:在高分子材料中,有序排列的分子键可形成结晶区,无序排列的分子键则可形成非晶区。很多高分子材料的形态并不均匀,处于半结晶状态,既有晶区也有非晶区,老化反应首先从非晶区开始。

(3) 立构规整性:高分子材料的立构规整性与其结晶度有密切关系;结晶度越高规整性越好。通常规整性越好的高分子材料耐老化性能越好。

(4) 分子量[①]及其分布:一般情况下,高分子材料的分子量与老化性能关系不大;但分子量分布越宽,端基越多,越容易引起老化反应。

1.2.3 老化的外部因素

高分子材料老化的外部因素,即其服役的环境因素,可分为化学因素、物理因素和生物因素。主要的外在因素包括以下几种[2]。

(1) 氧:氧在大气中含量约为21%,是一种很活泼的气体,能对多种物质产生氧化作用。某些高分子材料的老化主要就是在氧的参与下联合发生的,如热-氧老化或光-氧老化,引起高分子链的降解或交联。

(2) 臭氧:臭氧对高分子材料(特别是含有双键结构的不饱和橡胶)最具破坏性,同时对伸张变形的高分子老化影响特别严重。

(3) 光:自然界的光实际上就是各种波长的太阳辐射能,其中紫外光能促使高分子材料发生光老化或光-氧老化。

(4) 高能辐射[②]:伽马射线和电子束等高能辐射,会直接打断高分子材料的主链或侧基,生成自由基,导致高分子材料降解或交联,长期辐射能对高分子材料造成严重破坏。

(5) 热(温度):高温可使分子发生降解和交联两种作用,既可使高分子材料分子主链断裂而发生热降解;也可使分子间生成化学键而形成三维结构或环形结构,即发生热交联。

(6) 机械应力:高分子材料制品大多是在应力状态下使用的,机械应力对高分子材料的化学反应速度有着显著的影响。严重破坏高分子材料的分子结构,使大分子链断裂,生成自由基;同时活化产生的自由基,将会引发大分子链的氧化反应,从而形成力-化学作用。

(7) 水分:水分是大气的重要组成之一。水能破坏高分子材料中可水解的基团(如酸、酯和腈基等)、溶解水溶性的物质和分离电解质(如某些金属盐类等),从而降低其电学性能、物理性能和力学性能。

(8) 生物:自然界中存在的某些生物,如微生物细菌、霉菌、虫类(如白蚁等)、啮齿动物(如老鼠等)、海洋生物,对某些高分子材料和制品或直接起破坏作用,或附着在表面上影响其使用性能,使高分子材料和制品丧失使用价值,即生物老化。

以上因素中,氧、光、热、水分、高能辐射等是典型有机高分子材料贮存老化的主要影响因素。

1.2.4 材料的主要老化试验方法

材料的老化试验方法主要包括以下几类[2-3]。

---

① 本书中"分子量"均指"相对分子质量"。
② 本书中术语"辐射"和"辐照"的使用说明:"辐射"是物体自发向外发射能量的一种自然现象;"辐照"是利用辐射源产生的射线对其他物体进行照射的一种过程,是对辐射的利用。书中已做区分。

1. 耐候性试验

将高分子材料或制品暴露于户外自然气候环境中,使其受各种气候因素的综合作用,通过对各暴露阶段材料或制品的外观、颜色及某些性能的检测,获得其老化速度和特征。耐候性试验主要有 3 种类型:①自然气候老化试验即户外老化;②人工气候老化试验,模拟光能、温度、降雨或凝露、湿度等几种气候因素进行强化试验;③跟踪太阳或聚光加速大气老化试验。由于户外暴露中气候因素差别很大、变化无常,不同地区、季节或不同气候区的试验结果不能进行比较。此外,户外试验很耗费时间。

2. 耐热性试验

烘箱法老化试验是耐热性试验的常用方法,将试样置于选定条件的热烘箱内,周期性地检查和测试试样外观和性能的变化,从而评价试样的耐热性。这种方法常用于塑料和橡胶。

3. 湿热试验

湿热试验是用于评价高分子材料在高温、高湿环境下耐老化性能的试验方法。湿热试验一般使用湿热试验箱,要求在一定的温度下(40~60℃)保持较高的相对湿度(90%RH 以上)。

4. 抗霉试验

霉菌对材料的直接破坏作用表现为腐烂和老化,间接破坏作用则包括损坏电气和电子装置、损坏光学装置、影响外观等。采用抗霉试验评价一定周期(一般为 28 天)内霉菌对材料的破坏和老化效应,常用的菌种有黑曲霉、黄曲霉、杂色曲霉、青霉、球毛壳霉等。对不同的高分子材料应选用不同的试验菌种。

5. 盐雾试验

盐雾微粒沉降附着在材料表面后吸潮溶解成氯化物的水溶液,在一定的温湿度条件下溶液中的氯离子通过材料的微孔逐步渗透到内部,引起材料的老化或金属的腐蚀。盐雾试验用来评价材料的防电化学腐蚀的性能。通常试验温度为 35℃,pH 值为 6.5~7.2,相对湿度不小于 90%RH。

6. 耐寒试验

耐寒性与高分子材料的链运动、大分子间的作用力和链的柔顺性有关,饱和高分子材料的主链单键,由于分子链上没有极性基或位阻大的取代基,柔顺性好,因此具有很好的耐寒性;而侧基为位阻大的刚性取代基,或者重度交联时,高分子材料耐寒性就较差。耐寒试验,是将材料在低温下保持一定的时间,分析其性能变化,从而评价材料的耐寒特性。

7. 耐辐照试验

辐照可使高分子材料主链断裂或交联,从而影响材料的性能。高分子材料的耐辐照性,是指它抵抗高能辐射(如伽马射线或电子束辐射等)引起性能变化的能力。耐辐照试验可以在空气、真空或惰性气氛中进行[5],在真空和惰性气氛中进行时为纯粹的辐射老化效应,而在大气中进行时为辐射-氧化综合老化效应。耐辐照试验一般采用 ^{60}Co 伽马射线源进行辐照,需考虑辐照剂量率、辐照时间、辐照总剂量(辐照剂量率×辐照时间)、辐照气氛等影响因素。

1.2.5 国内外研究现状

国外对于高分子材料老化性能的研究已有半个多世纪,目前进行材料老化试验的方法主要有在自然环境条件下进行试验、在实验室模拟条件下的人工加速老化试验两类。美国、日本、苏联在20世纪上半叶就建立了大规模的曝露网,对各种高分子材料进行了大量的大气老化试验,并在此基础上建立起各种材料的试验方法和测试方法的国家标准。自然环境老化试验虽然能较真实地反映高分子材料在使用环境中的服役性能,但所需的试验时间较长,难以适应技术发展的需要。因此,现在大量的工作也是未来研究工作的重点,是采用加速的方法在实验室用较短的时间获得实验数据,来预测材料和产品的寿命[1]。

就材料类型来看,人们已对传统的塑料、橡胶、纤维三大类高分子材料的环境老化问题开展了不同程度的研究,获得了较为全面和系统的研究结果[1]。近年来,由于高分子基复合材料具有质量轻、强度高等优良性能,成为能源、电力、航空航天等现代高技术部门不可缺少的重要材料,对其老化行为和质量控制的研究成为新的热点[1]。聚合物老化领域的国内外研究现状如下。

1. 热老化和热氧老化方面的研究现状

在热老化和热氧老化方面,开展的典型工作及进展包括对聚(3,4-乙烯基二氧噻吩):聚苯乙烯磺酸(PEDOT:PSS)薄膜在最高温度为150℃的多个温度下进行了加速热老化试验研究,获得了热老化对化学结构与电子结构的影响规律[6];在不同温度(在60~110℃)下,对交联的线性聚乙烯和支化聚乙烯的共混物的热氧老化行为进行了研究,使用Arrhenius方法表明,在80℃以上的加速老化不能代表低于该温度的热老化[7];氟代醚橡胶的热降解特性和动力学研究发现,其热降解过程分为两个阶段,随着加热速率的增加,初始分解温度和降解温度都移向更高的温度范围[8];采用热挥发分析(TVA)进行的一系列硅氧烷共聚物的热降解行为的研究表明,聚硅烯基硅氧烷的热降解比聚二甲基硅氧烷(PDMS)更为复杂[9];直接热解质谱对聚乳酸(PLA)及其纤维的热降解行为的研究表明,随着热解的PLA的量的增加,质子化的齐聚物和环状的齐聚物的相对产率增加,这表明分子间的相互作用增强了[10];采用热重分析-傅里叶变换红外光谱(TGA-FTIR)联机分析技术富勒烯(C_{60})对高密度聚乙烯(HDPE)、聚丙烯(PP)、有机玻璃(PMMA)、双酚A-聚碳酸酯(BPA-PC)基体的抗热降解能力的效应的研究表明,C_{60}对这些聚合物的耐热降解的能力的影响依赖其热降解机理[11];熔融态PTFE的热氧老化行为及互扩散对物理化学结构的影响的研究表明,对于长期老化,互扩散降低了热稳定性,而对于短期老化,强物理相互作用降低了降解对力学行为的影响[12];热氧老化效应对硅橡胶密封性能的影响的研究表明,硬度和压缩性能随硅橡胶的老化而增加,较高的表面粗糙度和老化会导致密封性能的下降[13];4,4′二苯基甲烷二异氰酸酯(MDI)型聚氨酯弹性体的热降解行为的研究表明,聚氨酯在200℃下有较好的热稳定性[14];通过对硅橡胶泡沫材料的热氧老化机理研究,获得了不同老化温度和老化时间对硅橡胶泡沫材料压缩永久变形及压缩位移-载荷曲线的影响规律[15]。

2. 光老化和光氧老化方面的研究现状

在光老化和光氧老化方面,开展的典型工作及进展包括:环氧聚合物的气候老化的颜色判据的研究表明,导致环氧聚合物色差改变的支配性环境因素是太阳辐射中紫外光的剂量[16];艺术品中所使用的聚合物丙烯腈-丁二烯-苯乙烯共聚物(ABS)、聚氯乙烯(PVC)、PP、HDPE、线性低密度聚乙烯(LLDPE)的光氧化加速老化行为的研究表明,由于不同的老化方式,形成了不同的氧化产物,导致了试样表面开裂和严重黄化[17];采用傅里叶变换红外光谱(FTIR)法、荧光光谱法、核磁共振谱(NMR)法、差示扫描量热分析(DSC)法等多种分析方法评估了热和光氧老化处理对聚乙烯乙酸酯(PVAc)的影响及二丁基邻苯二甲酸酯(DBP)塑化剂对降解方式的影响,结果表明,两种类型老化的不同主要在于主链上 C=C 双键的形成,被热老化所增强,而醛结构的形成是在光氧老化处理下产生的[18]。

3. 湿热老化方面的研究现状

在湿热老化方面,开展的典型工作及进展包括:湿热老化对 CFRP-混凝土接头及其组件的断裂能和力学性能的影响的研究表明,环氧树脂的力学性能和 CFRP-混凝土界面的断裂能只是轻微受到暴露条件的影响[19];湿热老化对含有多壁碳纳米管(MWCNT)和氧化石墨烯纳米片(GONP)的纳米复合材料增强的黏接接头的蠕变行为的影响的研究表明,0.1% MWCNT 对预先在热水中老化的黏接接头的蠕变行为有最大的增强效应,纳米复合物黏接接头的弹性和蠕变应变分别有 56% 和 33% 的降低[20]。

4. 复合因子老化方面的研究现状

在复合因子老化方面,开展的典型工作及进展包括:甲基乙烯基硅泡沫材料在辐射-热氧老化和辐射-湿热老化两组复合因子下的老化效应研究表明,辐射老化和湿热老化的协同作用对材料的应力松弛率影响非常明显[21];聚酯(PET)薄膜和聚四氟乙烯(PTFE)薄膜在机械拉伸-热老化、热老化-电子束辐射两组复合老化因子共同作用下的老化机理研究表明,机械拉伸在老化过程中的作用体现在加剧了物理老化,而电子束辐射引发的交联、降解反应与结晶度变化和热老化引起的物理、化学变化的共同作用是性能变化的主要原因[22]。

5. 辐射老化方面的研究现状

在辐射老化方面,开展的典型工作及进展包括:PBX 氟聚合物黏结剂的辐射效应研究,获得了氟聚合物黏结剂在真空、惰性气氛和空气中在不同剂量或不同剂量率下在伽马射线辐射下的气体产物、结构与性能变化规律及相关材料的辐射老化机理[5];伽马射线辐射场中聚醚聚氨酯材料的老化研究,获得了材料辐照后辐解气体产物的种类和生成量以及材料的热性能和自由基强度的变化规律[23]。

6. 物理老化方面的研究现状

在物理老化方面,开展的典型工作及进展包括:差示扫描量热法和动态力学分析对三种不同丙烯酸甲酯(MA)含量的甲基丙烯酸甲酯-丙烯酸甲酯(PMMA-MA)共聚物在不同温度下的物理老化行为的研究发现,将材料在一定温度下进行物理老化后,立刻置于更高的老化温度下一段时间,之前的老化结果将部分被消除[24];环氧涂层浸泡在盐水溶液中时物理老化对吸水过程的影响的研究表明,物理老化引发的聚合物基体的致密化是吸水过程的主要影响因素[25];聚乳酸(PLA)的物理老化过程的研究结果表明,自由体积的降低使 T_g 增加,而内应力则导致了 T_g 的降低[26]。

7. 聚合物抗老化方面的研究现状

在聚合物抗老化方面,开展的典型工作及进展包括:石墨烯在聚合物阻燃与抗老化研究中的研究进展,讨论了石墨烯提升聚合物阻燃性及抗老化性能的作用效果及机理,其中包括对炭层形成的促进作用、对氧气或降解产物的阻隔效应、对老化降解产生的过氧自由基的捕捉作用等[27];姜黄素作为一种天然化合物在合成具有增强的力学和形貌学性能、抗细菌和抗老化性能的刚性聚氨酯泡沫中的作用的研究表明,在所有情况下,姜黄素都可以作为一种用于聚合物的天然抗老化添加剂[28];沥青的一种环境友好的抗老化添加剂油酸咪唑啉的研究表明,咪唑啉的分散和抗氧化效应占优势,可以作为沥青的环境友好的抗老化剂[29]。

8. 聚合物老化性能方面的研究现状

在聚合物老化性能方面,开展的典型工作及进展包括:老化对用于道路铺路施工的聚合物改性沥青的形貌和流变学响应的影响的研究表明,苯乙烯-丁二烯-苯乙烯共聚物(SBS)改性的沥青的形貌随聚合物浓度和分散情况在老化中发生了降解,越高的分散程度对应越好的抗氧化性能,而乙烯-乙酸乙烯酯共聚物(EVA)改性的沥青的形貌具有低的老化敏感性,与聚合物浓度无关[30];聚合物老化性的介电参数评价研究表明,介电参数对材料老化性整体上较为敏感,用其评价聚合物老化程度存在可行性和规律性[31];生物聚合物改性沥青流变及老化性能的研究结果表明,老化后基质沥青的高温车辙因子比、老化指数、羰基指数及亚砜基指数均比生物聚合物改性沥青的更高,即生物聚合物提高了沥青的抗老化性能[32]。

9. 老化机理和老化模型方面的研究现状

在老化机理和老化模型方面,开展的典型工作及进展包括:采用数字图像关联技术研究了聚合物引擎基座的老化机理[33];利用化学性能来描述沥青的流变学和老化行为的模型[34];采用一种基于热力学的方法对非晶态聚合物的物理老化进行建模[35];提出了湿热老化、化学侵蚀和大气老化等环境作用下的聚合物基复合材料腐蚀寿命预测模型,包括老化动力学模型、剩余强度模型、应力松弛模型[36]、聚醚醚酮(PEEK)和聚苯硫醚(PPS)在不同老化温度和老化时间下的应力松弛过程的广义分数麦克斯韦(Maxwell)模型[37]、聚合物老化降解中的两组分模型[38]、油藏条件下聚合物溶液老化数学模型[39]等。

综上所述,在热老化、热氧老化、光老化、光氧老化、湿热老化、辐射老化、物理老化、抗老化等传统老化领域仍有较多的研究,主要关注聚合物的抗热老化性能、抗热氧老化性能、抗光老化性能、抗光氧老化性能、抗湿热老化性能和抗辐射老化性能等;在复合因子老化研究领域,也逐渐开展了辐射-热氧老化、辐射-湿热老化、机械拉伸-热老化、热老化-电子束辐射老化等研究,开辟了新的老化研究方向;在聚合物老化性能研究方面,有较多研究关注聚合物改性沥青的老化性能,表明这些聚合物老化研究正在逐渐走入实际工程应用中,具有较重要的应用价值;在老化机理与老化模型研究方面,也开展了较多的研究,提出了沥青的老化模型、非晶态聚合物的物理老化的模型,以及湿热老化、化学侵蚀和大气老化下的聚合物基复合材料腐蚀寿命预测模型、聚合物应力松弛行为的分数麦克斯韦模型、聚合物老化降解中的两组分模型等老化模型,对于实际工况的老化过程、老化机理研究具有深入、明确的指导意义。

虽然国内外近几十年来对高分子材料的老化问题开展了大量的研究,获得了较多的研究成果,但仍存在很多基本问题尚未解决或未研究透彻。例如,在老化机理和老化动力学领域中就有很多问题,老化机理主要是基于对老化前后试样的分析表征结果推测其微观变化的化学反应与机制。在时间尺度上,原子水平的化学反应一般发生在飞秒时间尺度,而材料的老化过程一般发生在数天、数年至数十年的长期时间范围,快速的化学反应如何与慢速的老化过程关联起来?是否可以不改变机理,对老化的慢速过程进行一定的加速?得到的加速老化模型是否能够描述反应的真实情况?在空间尺度上,老化的慢速过程的反应子空间是否可以在原子或分子水平上辨识出来?时间尺度和空间尺度是否有一定的关联等[40]?另外一个重要问题就是寿命评估问题,目前的老化机理研究主要关注微观机理本身,其结果难以直接用于宏观过程的材料老化寿命评估,两者之间存在脱节等问题,而老化动力学的 Arrhenius 方程用于寿命评估目前仍然偏差较大,因此材料老化寿命的准确评估仍是一个较大的难题。

1.2.6 高分子材料老化研究中的主要问题

高分子材料老化研究中需要解决的主要问题如下[1]。

(1) 高分子材料环境老化的普遍规律和共性机理问题。高分子材料种类繁多、结构各异、加工成形条件千差万别,如何选择具有代表性的材料种类、组成结构、加工条件进行系统的、可比较的老化规律和机理研究,是探索高分子材料环境老化的普遍规律和共性机理需要解决的关键问题之一。

(2) 环境因子的协同作用问题。目前,主要的环境因子如光、热、湿度、臭氧、应力、微生物对高分子材料老化的单因子作用研究较多,但对这些因子的协同作用研究较少,难以对老化寿命进行科学预测。因此,开展多因素环境老化研究,弄清楚它们之间的协同或拮抗作用规律,是深刻认识环境因子对老化的影响和准确预测老化寿命的关键问题。

(3) 室内加速试验和室外暴晒试验的相关性问题。人们对该相关性问题重要性的认识虽然较早,但具有实际指导意义的结果目前还很少,这需要在深入研究高分子材料老化机理和环境协同作用的基础上,设计出更完善的加速试验。

(4) 提高高分子材料抗老化性能的新技术途径问题。最近已有人研究添加纳米抗老化剂提高高分子材料老化寿命,但对纳米添加剂是否确有抗老化效应及其机理还很不清楚,需要深入研究。

参 考 文 献

[1] 国家自然科学基金委员会工程与材料科学部. 有机高分子材料科学(学科发展战略研究报告)[M]. 北京:科学出版社,2006.
[2] 李晓刚,高瑾,张三平,等. 高分子材料自然环境老化规律与机理[M]. 北京:科学出版社,2011.
[3] 任圣平,张立. 高分子材料老化机理初探[J]. 信息记录材料,2004,5(4):57-60.
[4] WHITE J R. Polymer ageing: physics, chemistry or engineering? Time to reflect[J]. C. R. Chimie, 2006, 9:1396-1408.
[5] 罗世凯. PBX 氟聚合物粘接剂的辐射效应研究[D]. 绵阳:中国工程物理研究院,2002.
[6] BONTAPALLE S, VARUGHESE S. Understanding the mechanism of ageing and a method to improve the ageing resistance of conducting PEDOT: PSS films[J]. Polymer Degradation and Stability, 2020, 171:109025.
[7] RAPP G, TIREAU J, BUSSIERE P-O, et al. Influence of the physical state of a polymer blend on thermal ageing[J]. Polymer Degradation and Stability, 2019, 163:161-173.

[8] HE L W, ZHANG R, ZHANG D G, et al. Characteristics and Kinetics of Thermal Degradation of Fluoroether Rubber[J]. Journal of Macromolecular Science, Part B: Physics, 2018, 57(6):437-446.

[9] ALLAN D, RADZINSKI S C, TAPSAK M A, et al. The Thermal Degradation Behaviour of a Series of Siloxane Copolymers—a Study by Thermal Volatilisation Analysis[J]. Silicon, 2016, 8:553-562.

[10] OZDEMIR E, HACALOGLU J. Thermal Degradation of Polylactide and Its Electrospun Fiber[J]. Fibers and Polymers, 2016, 17(1):66-73.

[11] ZHAO L P, GUO Z H, RAN S Y, et al. The effect of fullerene on the resistance to thermal degradation of polymers with different degradation processes[J]. J Therm Anal Calorim, 2014, 115:1235-1244.

[12] HENRI V, DANTRAS E, LACABANNE C, et al. Thermal ageing of PTFE in the melted state: Influence of interdiffusion on the physicochemical structure[J/OL]. Polymer Degradation and Stability, 2020, 171: 1-20[2020-08-31]. https://doi.org/10.1016/j.polymdegradstab.2019.109053.

[13] WU J, DONG J Y, WANG Y S, et al. Thermal oxidation ageing effects on silicone rubber sealing performance[J]. Polymer Degradation and Stability, 2017, 135:43-53.

[14] 钟发春,张占文,傅依备,等. MDI型聚氨酯弹性体的热降解行为[J]. 化学推进剂与高分子材料, 2002,90(6):36-38,13.

[15] 张凯,范敬辉,吴菊英,等. 硅橡胶泡沫材料的热氧老化机理研究[J]. 合成材料老化与应用,2007, 36(3):18-21.

[16] STARTSEV V O, NIZINA T A, STARTSEV O V. A colour criterion of the climatic ageing of an epoxy polymer[J]. International Polymer Science and Technology, 2016, 43(8):45-49.

[17] SAVIELLO D, ANDENA L, GASTALDI D, et al. Multi-analytical approach for the morphological, molecular, and mechanical characterization after photo-oxidation of polymers used in artworks[J/OL]. Journal of Applied Polymer Science, 2018. 135(17):1-12[2020-08-31] https://doi.org/10.1002/APP.46194.

[18] TOJA F, SAVIELLO D, NEVIN A, et al. The degradation of poly(vinyl acetate) as a material for design objects: A multi-analytical study of the effect of dibutyl phthalate plasticizer. Part 1[J]. Polymer Degradation and Stability, 2012, 97:2441-2448.

[19] AL-LAMI K, COLOMBI P, D'ANTINO T. Influence of hygrothermal ageing on the fracture energy and mechanical properties of CFRP-concrete joints and their components[J/OL]. Composite Structures, 2020,238:1-35[2020-09-09]. https://doi.org/10.1016/j.compstruct.2020.111947.

[20] ASHOFTEH R S, KHORAMISHAD H. The influence of hygrothermal ageing on creep behavior of nano-composite adhesive joints containing multi-walled carbon nanotubes and grapheme oxide nanoplatelets[J]. International Journal of Adhesion and Adhesives, 2019, 94:1-12.

[21] 黄玮,高小玲,熊洁,等. 甲基乙烯基硅泡沫材料在复合条件下的老化效应研究[J]. 中国核科学技术进展报告(第二卷):辐射研究与应用分卷,2011,2:17-26.

[22] 黄世浩. 复合因子作用下聚合物薄膜材料的绝缘老化特性研究[D]. 天津:天津大学,2017.

[23] 黄玮,陈晓军,高小玲,等. γ辐射场中聚醚聚氨酯材料的老化研究[J]. 原子能科学技术,2004, 38(增刊):148-153.

[24] 曲淼. 几种非晶态聚合物的物理老化[D]. 长春:长春工业大学,2014.

[25] ELKEBIR Y, MALLARINO S, TRINH D, et al. Effect of physical ageing onto the water uptake in epoxy coatings[J/OL]. Electrochimica Acta 2020, 337:1-25[2020-09-01]. https://doi.org/10.1016/j.electacta.2020.135766.

[26] CUI L, IMRE B, TATRAALJAI D, et al. Physical ageing of Poly(Lactic acid): Factors and consequences for practice[J]. Polymer, 2020, 186:122014.

[27] 刘世乡,杨俊龙,黄亚江,等. 石墨烯在聚合物阻燃与防老化应用中的研究进展[J]. 中国材料进展,2016,35(11):843-848.

[28] SIENKIEWICZ N, CZLONKA S, KAIRYTE A, et al. Curcumin as a natural compound in the synthesis of rigid polyurethane foams with enhanced mechanical, antibacterial and anti-ageing properties[J]. Polymer Testing, 2019, 79:106046.

[29] GAWEL I, CZECHOWSKI F, KOSNO J. An environmental friendly anti-ageing additive to bitumen[J]. Construction and Building Materials, 2016, 110:42-47.

[30] CUCINIELLO G, LEANDRI P, FILIPPI S, et al. Effect of ageing on the morphology and creep and recovery of polymer-modified bitumens[J/OL]. Materials and Structures, 2018, 51(5):1-2[2020-05-22]. https://doi.org/10.1617/s11527-018-1263-3.

[31] 余兰花. 聚合物老化性的介电参数评价研究[D]. 武汉:武汉理工大学,2015.

[32] 涂亮亮. 生物聚合物改性沥青流变及老化性能研究[D]. 武汉:武汉理工大学,2016.

[33] TANG N, SOLTANI P, PINNA C, et al. Ageing of a polymeric engine mount investigated using digital image correlation[J]. Polymer Testing, 2018, 71:137-144.

[34] WEIGEL S, STEPHAN D. Modelling of rheological and ageing properties of bitumen based on its chemical structure[J]. Materials and Structures, 2017, 50:83.

[35] MITTERMEIER C, JOHLITZ M, LION A. A thermodynamically based approach to model physical ageing of amorphous polymers[J]. Arch. Appl. Mech., 2015, 85:1025-1034.

[36] 陈跃良,刘旭. 聚合物基复合材料老化性能研究进展[J]. 装备环境工程,2010,7(4):49-56.

[37] 陈宏善,侯婷婷,冯养平. 聚合物物理老化的分数阶模型[J]. 中国科学:物理学 力学 天文学,2010,40(10):1267-1274.

[38] 陆祥安,姜汉桥,李俊键,等. 聚合物老化降解的组分模型建立与应用[J]. 科技导报,2015,33(13):34-38.

[39] 李俊健,姜汉桥,陆祥安,等. 油藏条件下聚合物溶液老化数学模型新探[J]. 石油钻采工艺,2016,38(4):499-503,544.

[40] 涂善东,王卫泽. 材料老化过程的化学动力学[M]//"10000个科学难题"化学编委会. 10000个科学难题·化学卷. 北京:科学出版社,2009.

第2章 老化试验方法与分析方法

2.1 老化试验方法

2.1.1 辐射老化试验方法

辐射老化试验利用高能射线打断聚合物的化学键,使其发生老化降解,包括高剂量率辐射老化试验和低剂量率辐射老化试验两种。在本书中,若无特别说明,辐射源均为伽马(γ)射线。

1. 高剂量率伽马射线辐射老化试验

将试样平行挂在^{60}Co源板(四川科学城钴源辐照技术有限责任公司)前辐照,室温,空气气氛,剂量率为100Gy/min左右,由重铬酸银剂量计标定,试样的吸收剂量等于辐照时间乘以辐照剂量率。聚碳酸酯和聚砜试样的吸收剂量为0~12.0MGy[1-2];有机玻璃的吸收剂量为0~6.0MGy;环氧树脂黏接件的吸收剂量为100~1000kGy和3.0~9.0MGy[3]。其中聚碳酸酯和有机玻璃试样的高剂量率辐照试验中每个剂量下采用5件拉伸平行试样。聚砜每个剂量下采用25件试样(包括拉伸试样5件、压缩试样5件、弯曲试样5件、冲击试样10件)。环氧树脂黏接件每个剂量下5件试样(其中,拉伸试样、压缩试样、弯曲试样、冲击试样是按相关国标(2.2.1节)设计的标准试样,黏接试样设计为搭接-剪切试样)。

2. 低剂量率伽马射线辐射老化试验

辐照条件:室温,空气气氛,剂量率为5Gy/min左右,吸收剂量为0.5~1.5MGy。聚碳酸酯、聚砜和有机玻璃的每个剂量下采用4件拉伸平行试样。

2.1.2 常规老化试验方法

1. 温度加速老化试验方法

本方法研究在较高的室温下贮存的老化效应。因为老化试验温度接近室温的上限,故又名温度老化试验,以区别于在较高温度下进行的热老化试验。

聚碳酸酯(PC)、聚砜(PSU)、有机玻璃(PMMA)的温度老化试验,在电热干燥箱(DGF3006A,重庆银河试验仪器有限公司)中进行,温度为40℃,试验时间为180天,每30天取一组4件拉伸试样进行分析测试。

2. 湿热加速老化试验方法

本方法研究湿度和温度(热)的协同老化效应。其中,湿度(水蒸气)可侵入聚合物内部使有关官能团发生水解等不良作用,而温度(热)又能加剧湿度的侵蚀作用,因此有必要研究湿度与温度的协同老化效应。

PC、PSU、PMMA的湿热老化试验,在高低温交变湿热试验箱(SDJ402F,成都天宇试验设备有限责任公司)中进行,温度为40℃,相对湿度为90%RH,试验时间为180天,每30天取一组4件拉伸试样进行分析测试。

黏接试样的湿热老化试验:在高低温交变湿热试验箱(SDJ402F,成都天宇试验设备有限责任公司)中进行,温度为40℃±5℃,相对湿度为98%RH(每天试验12h),试验时间为30天,每10天取一组5件试样测定黏接强度。

3. 模拟应力老化试验方法

本方法研究模拟状态下拉应力对聚合物的老化效应。宏观应力对聚合物具有力-化学作用,可使聚合物大分子链断裂,从而使聚合物产生裂纹乃至断裂失效,因此有必要研究其老化效应。

PC、PSU、PMMA的加载应力负载:5种拉应力水平(表2-1),时间各为180天,前3种应力水平每30天取一组4件拉伸试样进行尺寸和性能测试,370N级和200N级水平每60天取一组4件拉伸试样进行尺寸和性能测试。环境条件:室温和空气湿度。

表2-1 PC、PSU、PMMA的拉应力水平

材料	应力				
	32N	65N	97N	370N	200N
PC	√	√	√	√	
PSU	√	√	√		√
PMMA	√	√	√	√	

4. 热氧老化试验方法

依据阿伦尼乌斯(Arrehnius)寿命方程,对聚合物进行寿命预测时,可选取玻璃化温度以下的几个较高温度在较短周期里分别测定聚合物的寿命,利用这些数据进行拟合,可以推算较低温度下长期贮存时的材料寿命。因此,此试验方法也称温度建模老化试验方法。

PC、PSU、PMMA的热氧老化试验:在电热干燥箱内进行,每种材料2个温度点,每个温度点老化时间为120~180天。每隔一段时间(视具体情况而定)取一组4件拉伸试样进行力学性能测试。

5. 常规老化对照试验方法

本方法研究在实验室的温度和控制湿度条件下长期贮存时,高分子的性能变化规律,以便与上述加速老化的试验结果进行对比。

常规老化试验:实验室温度$T=5\sim35℃$,相对湿度50%~60%RH。PC、PSU、PMMA材料贮存时间为900天,每180天取一组4件试样测试高分子材料性能和外形尺寸;环氧树脂黏接试样贮存时间为12年,开始两年每季度,以后每年取一组5件试样测试黏接强度。

6. 零部件贮存平行试验方法

本方法主要用于研究聚合物零部件在实验室的温度和控制湿度下长期贮存时,结构尺寸的变化规律。

聚碳酸酯压盖一件、有机玻璃圆片6件、聚砜圆片7件,存放在实验室环境(温度$T=5\sim35℃$,相对湿度50%~60%RH)中,时间为900天,每90天测试一次结构尺寸。

2.1.3 装配件贮存老化试验方法

本方法对聚碳酸酯螺套-螺钉等装配件开展实验室控制温度和湿度环境中的长期贮存、环境气氛贮存与应力加载贮存试验[4]以及步进应力试验[5]。其中长期贮存试验采用螺套-螺钉装配件,环境气氛贮存与应力加载贮存试验采用螺套-螺钉-螺栓组合件。

1. 长期贮存试验

实验室控制温度和湿度环境,时间为600天,每150天取样一次测定内应力及其分布。

2. 环境气氛贮存试验

包括室温低湿(40%RH)环境(低湿度柜内)、室温中湿(55%~65%RH)环境(抽湿机常开的正常实验室环境)、较高温(47℃)高湿(90%RH)环境(高低温交变湿热试验箱内)贮存试验。应力水平为螺钉旋转角度为90°。总时间为315天、取样时间为45天测定一组5个装配件的内应力及分布。

3. 应力加载贮存试验

模拟产品应力水平,应力水平为螺钉旋转角度为180°,开展贮存试验,总时间为300天、取样时间为60天取一组5个装配件进行内应力及其分布测试。

4. 步进应力试验

主要研究聚碳酸酯装配件在装配应力逐渐升高的情况下,内应力的生成与分布及导致开裂的情况。步进应力试验中起始螺钉旋转角度为180°,每增加旋转90°,对一组5个装配件的内应力及分布状况进行检测,同时观察螺套是否开裂及开裂情况、复现。

2.1.4 黏接试样老化试验方法

1. 黏接试样水浸泡老化试验方法

本方法主要研究黏接试样在室温下浸泡在水中时引起的老化效应。试验方法:在烧杯中,用蒸馏水浸泡,温度为25℃±10℃。试验时间为90天,每30天取一组5件试样测定黏接强度。

2. 黏接试样加压水解老化试验方法

本方法主要研究黏接试样在高温高压的水及水蒸气中的老化效应,即高温高压的水对黏结剂性能的影响。试验方法:在普通高压锅(ϕ22cm,苏泊尔)内进行,调温电炉最大功率为2kW,工作压力为80kPa(总压力为0.1765MPa,环境压力为0.0965MPa),沸点温度为116~116.4℃,加热时间为1~4h。水解老化结束后用自来水流水冷却高压锅,待高压锅冷却后取出试样,再用自来水流水冷却试样,试样冷却后用干棉纱擦干,再进行黏接强度测定,每个试验点5件试样。

3. 黏接试样恒温热解老化试验方法

本方法主要研究黏接试样在较高的人工老化温度(热效应)下的老化效应。试验方法:在电热鼓风干燥箱中进行,温度为60℃、80℃,老化时间为30天,每10天取样一次(5件试样),测量试样的黏接强度。

4. 黏接试样高低温循环老化试验方法

本方法研究黏接试样在定期的冷热交替循环下的老化效应。试验方法:在能自动控温和温度能周期性变化的高低温交变湿热试验箱(SDJ402F,成都天宇试验设备有限责任公司)中进行,温度从室温(25℃左右)降至-40℃,恒温2h;再升温至100℃,恒温2h;再降至室温(25℃)为一个高低温循环;随后进行下一个循环。循环次数为0次、1次、2次、3次、4次、5次,每循环一次取一组5件试样在室温下测定黏接强度。

5. 黏接试样综合老化试验方法

本方法主要用于研究黏接试样在考虑温度、湿度、应力、时间等多因子协同作用下的老化效应。因为在实际贮存工况下,这四种因子是同时存在并协同发挥作用的,因此有必要研究其综合老化效应。试验方法:以未经老化的黏接试样进行 $L3^4$ 正交试验,因子与水平表见表2-2。

表2-2 $L3^4$ 因子与水平

因子	温度/℃	相对湿度/%RH	应力/N	周期/天
水平1	40	60	32.34	15
水平2	60	80	64.68	30
水平3	80	98	97.02	45

共9次试验,在高低温交变湿热试验箱(SDJ402F,成都天宇试验设备有限责任公司)中进行,每组试验采用5件试样,在室温下测试黏接强度。每天进行12h试验。

2.2 老化试样分析测试

2.2.1 力学性能

对于承力结构件而言,力学性能无疑是老化试样性能退化的最重要的指标之一。下面给出了力学性能的测试方法。

拉伸强度测试(tensile strength testing)、压缩强度测试(compressive strength testing)、弯曲强度测试(flexural strength testing),分别按 GB/T 1040—92《塑料拉伸性能试验方法》[6]、GB/T 1041—92《塑料压缩性能试验方法》[7]、GB/T 9341—2000《塑料弯曲性能试验方法》[8],采用 MTS RT/5 电子试验机(美国 MTS 系统公司)或 CMT 4304 电子拉伸试验机(新三思(深圳)实验设备有限公司)进行。对以上3种强度,每组均测量4~5件试样,并取平均值。

冲击强度测试(impact strength testing),按 GB/T 1043—93《硬质塑料简支梁冲击试验方法》[9],采用 JB6 型简支梁冲击试验机(吴忠材料试验机厂)进行,每组10件试样,并取冲击强度平均值。

对于搭接的黏接试样,其抗剪强度是表征其老化降解程度的最重要的性能指标,需要测试。

黏接件的抗剪强度测定,采用原长春试验机厂的 WB100 拉伸试验机。黏接试样在制备好后至少放置2天才能进行测试。

2.2.2 化学结构的红外光谱

在老化过程中,有机高分子材料的化学结构逐渐发生降解,主链断裂或侧基脱落,都会导致红外光谱发生变化，因此化学结构的红外光谱分析也是评价老化进程的重要手段。

傅里叶变换红外光谱（Fourier transform infrared spectroscopy，FTIR）分析，采用 710 型 FTIR（原美国 Nicolet 公司），其分辨率为 $4cm^{-1}$，扫描范围为 $400\sim4000cm^{-1}$。

2.2.3 断口形貌与外观形貌

老化试样的断口形貌与外观形貌，是分析有机高分子材料老化行为及机理的重要依据。

断口形貌的扫描电镜分析（scanning electron microscope，SEM），采用 KYKY-3800 等扫描电镜（原北京中科科仪技术发展有限责任公司），分析前对试样断口进行喷金处理。外观形貌分析，采用普通数码相机进行拍照。

2.2.4 玻璃化转变温度

老化试样的玻璃化转变温度，是评判有机高分子材料耐热性能变化和老化行为的重要指标。

玻璃化转变温度分析采用日本精工株式会社的（Nippon Seiko Kabashiki Kaisha，NSKK）DSC6200 型差示扫描量热仪（differential scanning calorimeter，DSC），扫描温度范围为 $20\sim200℃$，升温速度为 $5℃/min$。

2.2.5 分子量及其分布

随着老化的进行，有机高分子材料的分子量不断下降，因此老化试样的分子量及其分布是评判有机高分子材料老化程度的最直接的重要指标。

分子量及分布分析，采用凝胶渗透色谱仪（Gel permeation chromatography，GPC），其中仪器采用美国 Waters 公司 515 泵、Alltech 2000 ELSD 检测器、Waters Styragel HR 4E 柱（300mm（柱长），4.6mm（内径）），柱温为室温，流动相为四氢呋喃，流量为 0.35mL/min，标样为聚苯乙烯。

2.2.6 表面化学状态

老化从有机高分子材料的表面开始，逐渐向材料内部深入，因此表面化学状态分析也是表征有机高分子材料老化的最直接的证据。

表面化学状态分析，采用原美国 Thermo 公司的 ESCALAB 250 型 X 射线光电子能谱仪（X-ray photoelectron spectroscopy，XPS）。采用双阳极 Al Kα 射线（1486.6eV），全扫描时通道能量为 100eV，窄扫描时为 40eV，固定减速比模式扫描，停留时间为 100ms，透镜模式为小区域 $150\mu m$，真空度为 $1.07\times10^{-9}Pa$，以 C—C 键结合能 284.6eV 定标，利用 Avantage 2.14 软件进行数据处理。

2.2.7 结构尺寸

在老化过程中，有机高分子材料的微观结构降解逐渐累积成结构尺寸的变化，这是老化的宏观效应之一，有必要进行测试。

老化试样的结构尺寸测量，采用不锈钢数显游标卡尺，分辨率为 0.01mm。

2.2.8 光弹法内应力

光弹法主要用于透明材料零部件的内应力及其分布的检测。

内应力的光弹法分析,采用 StrainMatic M4/150.10 型高精度应力测量系统(德国 Ilis Gmbh 公司)。

参 考 文 献

[1] 杨强,熊国刚,孙朝明,等. 聚碳酸酯的辐射老化[J]. 辐射研究与辐射工艺学报,2007,25(2):89-94.

[2] 杨强,孙朝明,毕雅敏. 伽马辐射对聚砜结构与性能的影响[J]. 辐射研究与辐射工艺学报,2008,26(4):215-223。

[3] 杨强,袁明康,李明珍,等. γ辐射对环氧树脂金属粘接件力学性能的影响[J]. 辐射研究与辐射工艺学报,2005,23(6):371-372。

[4] YANG Q, LIU J, Li M Z, et al. Effect of environmental atmosphere and stress-loading storage on the intrinsic stress and its distribution in polycarbonate screw cap[C]// The Organizing Committee of ICCET 2015. Proceedings of the 2015 5th International Conference on Civil Engineering and Transportation. Paris:Atlantis Press,2015,30:1758-1762.

[5] YANG Q, SUN C M, LIU J, et al. Effect of stepping stress on cracking of polycarbonate screw cap[J]. 功能材料,2017,48(12)(增刊):66-69.

[6] 中华人民共和国化学工业部. 塑料拉伸性能试验方法:GB/T 1040—92 [S]. 北京:中国标准出版社,1993.

[7] 中华人民共和国化学工业部. 塑料压缩性能试验方法:GB/T 1041—92 [S]. 北京:中国标准出版社,1993.

[8] 中华人民共和国石油和化学工业局. 塑料弯曲性能试验方法:GB/T 9341—2000 [S]. 北京:中国标准出版社,2001.

[9] 中华人民共和国化学工业部. 硬质塑料简支梁冲击试验方法:GB/T 1043—93 [S]. 北京:中国标准出版社,1994.

第 3 章 聚碳酸酯的伽马射线辐射老化

聚碳酸酯作为高能辐射条件下的结构受力部件,是一种用途广泛的重要工程材料。而在高能辐射(核子、电子或伽马射线等)条件下,聚合物分子出现断链或交联,使材料的结构和性能出现显著变化(降解/老化),从而造成严重后果。因此,对聚碳酸酯的辐射老化行为进行研究,能为其使用寿命预测和评估提供必要依据,具有重要的现实意义。

3.1 聚碳酸酯的辐射老化机理研究进展

双酚 A 聚碳酸酯(PC)的单元分子式如图 3-1[1]所示。

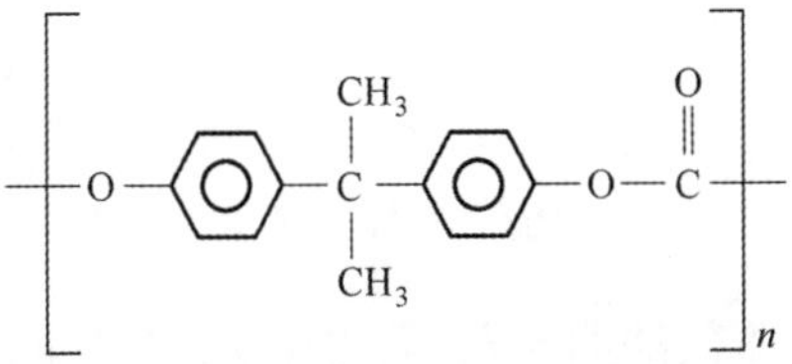

图 3-1 双酚 A 聚碳酸酯的单元分子式[1]

聚碳酸酯在 UV 辐射下的降解分为聚碳酸酯片段的光降解和双酚 A 片段的光降解,其中,聚碳酸酯片段的光降解机理为 Fries 光重排如图 3-2 所示,双酚 A 片段的光降解机

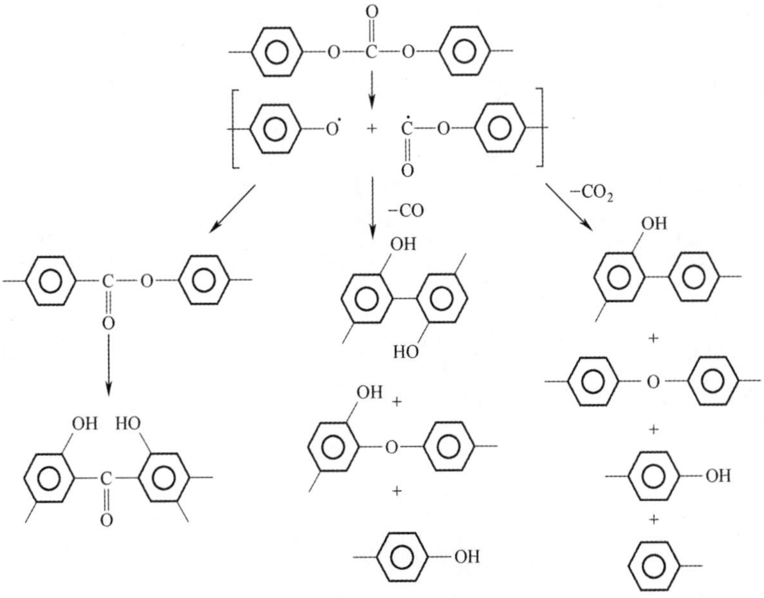

图 3-2 聚碳酸酯片段的光降解机理[1]

理如图 3-3 所示。聚碳酸酯片段的降解产物是羟基、链断裂产物、重组反应产物和水杨酸苯酯基团(变黄原因之一)[1]。

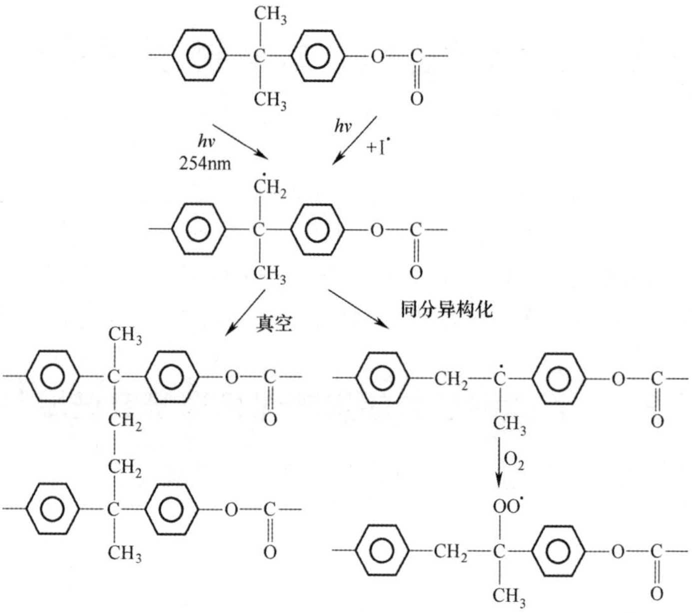

图 3-3 双酚 A 片段的光降解机理[1]

文献[2]给出了双酚 A 聚碳酸酯的光-氧化反应(图 3-4)机理。

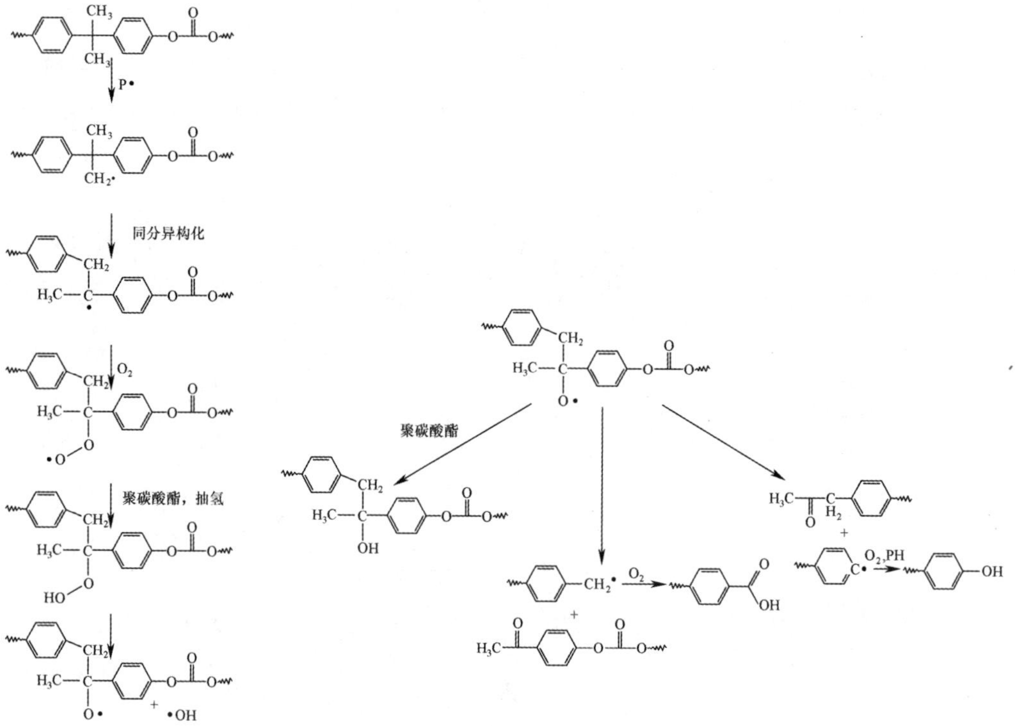

图 3-4 双酚 A 聚碳酸酯的光-氧化反应[2]

在伽马射线辐射下,聚碳酸酯在小剂量下交联效应占优势;而在较高剂量下,主链断裂更有可能[3]。真空中双酚 A 聚碳酸酯在 125~1000kGy 的伽马射线辐射下的主要气体产物是一氧化碳和氢气,其辐射化学产额 G 值分别为 0.87 和 0.08,气体产物的总 G 值为 1.00 分子/100eV[4]。聚碳酸酯在 77K 下自由基形成的 $G=0.5±0.02$,在暴露于伽马射线辐射之后,聚合物中形成了一种新的酚类型的链端基,在 423K 下其生成的 G 值估计为 0.7 左右[5]。聚碳酸酯在真空中室温下暴露于极低剂量率(0.1~1mGy/s)的电离辐射时,其大自由基的辐射化学产额要高很多倍,其机理被解释为在聚合物辐射过程中已经存在的大自由基的附近大自由基优先形成和稳定化,该机理形成了自由基簇[6]。与非晶态聚碳酸酯相比,半晶态聚碳酸酯的辐射诱导降解相对产率较低,通过 CO 和 CO_2 生成的监测(红外光谱)和自由基对生成的监测(ESR 谱)可以看出这一点[7]。用红外反射光谱法研究聚碳酸酯光化学降解后化学变化的深度分布,结果表明:在 1600cm^{-1} 处观察到一条由光 Fries 重排引起的带,同时也观察到一条由侧链光氧化引起的羧酸带;处理 24h 和 72h 的样品在 0.2mm 深度的表面发生了剧烈的化学变化[8]。聚碳酸酯在电子束加工过程中,经 100kGy 剂量后,聚碳酸酯的延展性明显下降;抗拉强度的下降相对较小,随着道次次数的增加,拉伸强度和塑性下降[9]。在低温辐射下,与非晶态聚碳酸酯相比,半晶态的聚碳酸酯的辐射降解产率相对较低[10]。随着伽马射线吸收剂量的增加,聚碳酸酯分子量有所降低,羰基上的链断裂有所增加,聚碳酸酯的力学性能受到伽马射线辐射的影响,即随着吸收剂量的增加,聚碳酸酯呈现出从韧性到脆性的转变[11]。用 10MeV 电子在 25~250kGy 范围内辐照聚碳酸酯薄膜样品,随着剂量的增加,分解温度升高,但由于交联键的形成,结晶度保持不变,在较低的吸收剂量下,聚合物发生交联反应,而在较高的吸收剂量下,聚合物发生降解[12]。在聚碳酸酯表面沉积的 DLC(金刚石状碳)薄膜能够阻止自由基与环境空气中氧气的氧化反应,通过沉积一薄层的 DLC 可以增强聚合物抵抗辐射引发的氧化的能力[13]。

3.2 高剂量率伽马射线辐射对聚碳酸酯结构与性能的影响

本节主要介绍了聚碳酸酯材料在高剂量率伽马射线辐射①下的老化行为以及吸收剂量对其结构与性能的影响规律[14]。

3.2.1 力学性能

聚碳酸酯辐射老化试样的力学性能测试结果如图 3-5 所示。

由图 3-5 可以看出,其拉伸强度随吸收剂量的增加而迅速下降。当吸收剂量达 2MGy 时,聚碳酸酯拉伸强度出现大幅度下降;当吸收剂量达 4MGy 时,聚碳酸酯拉伸强度下降了一个数量级,此后拉伸强度在几个低强度范围内波动,最后稳定在 2MPa 左右(自然断裂的试样除外);随着吸收剂量的增加,聚碳酸酯试样自然脆化断裂的趋势也在增加。上述试验表明,辐射对聚碳酸酯材料的力学性能有很大的影响,当吸收剂量达到

---

① 除章节标题以外,后文中"高(低)剂量率伽马射线辐射"简写为"高(低)剂量率辐射"。

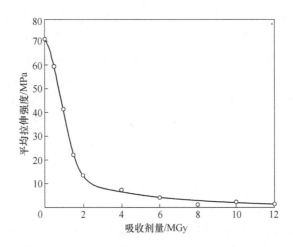

图 3-5 聚碳酸酯辐射老化试样的力学性能测试结果

2MGy 时,聚碳酸酯材料强度已下降至初始强度的 20% 左右,已经严重脆化;而当吸收剂量达到 4MGy 以上时,聚碳酸酯材料强度已下降至初始强度的 10% 左右,极易自然脆化断裂,基本可视为报废。这间接证明了聚碳酸酯老化过程中在 0~12MGy 剂量范围内辐射降解机理占优势,分子不断变成更小的碎片,使拉伸强度不断下降。

通过曲线拟合求解的辐射老化方程为

$$\sigma_t = 71.9 \times \exp\left[-\frac{(D+19.15)^2}{223.8}\right] + 57.2 \times \exp\left[-\frac{(D+0.031)^2}{1.53}\right] \quad (3-1)$$

式中:σ_t 为拉伸强度(MPa);D 为吸收剂量(MGy)。

式(3-1)的残差平方和 SSE=9.8490 是几个老化方程中最小的,但效果却是最好的。

3.2.2 断口形貌

聚碳酸酯辐射老化试样断口形貌的扫描电镜图如图 3-6 所示。

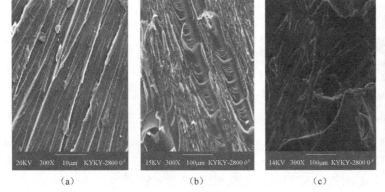

(a)　　　　　(b)　　　　　(c)　　　　　(d)

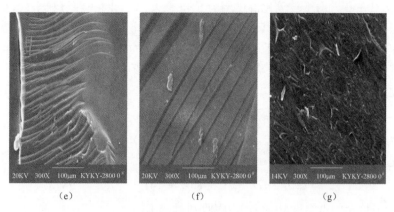

(e)　　　　　　　　(f)　　　　　　　　(g)

图 3-6　聚碳酸酯辐射老化试样断口形貌的扫描电镜图
(a)0MGy;(b) 2MGy;(c)4MGy;(d)6MGy;(e)8MGy;(f)10MGy;(g)12MGy。

由图 3-6 可以看出,以上断口断面平滑、干净、无微观塑性变形特征,呈现冰糖块形貌,全部属于典型的脆性断裂断口。聚碳酸酯试样在 0MGy 时就是脆性断口,说明该材料本身就比较脆;在经辐射老化(2~12MGy)以后,在微观上保持了脆性断口的特征,但是随吸收剂量的增加,断面变得更为光滑,脆化特征变得更加明显,在宏观上随剂量的增加变得更脆(从 71MPa 的初始强度下降到 2MPa 左右),甚至只要轻轻一碰就脆断成小块甚至碎渣。这说明辐射能明显增加聚碳酸酯的脆化程度。

通过对比老化前、后的聚碳酸酯试样,老化前试样是无色透明的,说明其内部不含不饱和生色基团;经辐射后,试样变为咖啡色,而且颜色有随吸收剂量加深的趋势。表明聚碳酸酯材料经辐射化学反应有不饱和生色基团(如 C=C 双键之类的基团)产生。

3.2.3　玻璃化转变温度

聚碳酸酯辐射老化试样的玻璃化转变温度测试结果如图 3-7 所示。

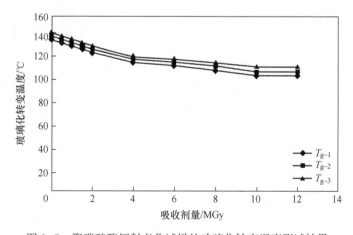

图 3-7　聚碳酸酯辐射老化试样的玻璃化转变温度测试结果

由图 3-7 可以看出,聚碳酸酯玻璃化转变温度随吸收剂量的增加而逐步下降,当吸收剂量达到 10~12MGy 以后,玻璃化转化温度就不再下降了,最低点的玻璃化中点温度

T_{g-2} 为 108.8℃ 左右。由于玻璃化温度与分子量有关,对于同一种材料来说,分子量高则其玻璃化温度也高,分子量低则其玻璃化温度也低,因此上述结果大致反映了聚碳酸酯的分子量的变化趋势是随着吸收剂量的增加而逐步下降的,同时也说明聚碳酸酯的热稳定性也是随着吸收剂量的增加而下降的。玻璃化转变温度拟合结果如下。

玻璃化始点温度的方程为

$$T_{g-1} = 0.2228D^2 - 5.4401D + 138.06, \quad R^2 = 0.9904 \tag{3-2}$$

式中:T_{g-1} 为玻璃化始点温度(℃);D 为吸收剂量(MGy)。

玻璃化中点温度的方程为

$$T_{g-2} = 0.2421D^2 - 5.5585D + 141, \quad R^2 = 0.9873 \tag{3-3}$$

式中:T_{g-2} 为玻璃化中点温度(℃);D 为吸收剂量(MGy)。

玻璃化终点温度的方程为

$$T_{g-3} = 0.2596D^2 - 5.5682D + 143.15, \quad R^2 = 0.9897 \tag{3-4}$$

式中:T_{g-3} 为玻璃化终点温度(℃);D 为吸收剂量(MGy)。

3.2.4 化学结构

聚碳酸酯辐射老化试样结构变化采用红外光谱分析方法进行表征,如图 3-8 所示。

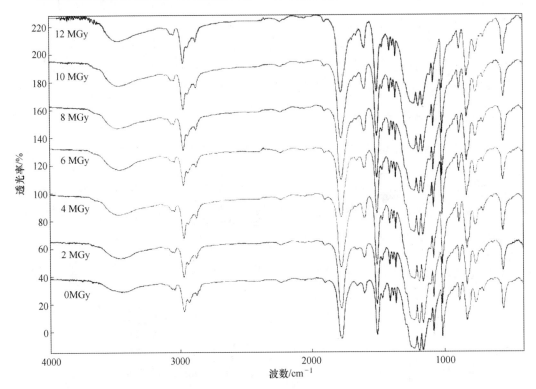

图 3-8 聚碳酸酯辐射老化试样的红外光谱分析结果

由图 3-8 可以看出,各基团的红外谱峰的频率和峰高基本一致,表明聚碳酸酯的化学结构在辐照前后基本不变。但在谱图中观察到细微的差别,即在2~12MGy的红外谱图中在波数1688.10cm^{-1}位置上出现了C══C双键的峰,其峰高随吸收剂量的增大而略有增加,表明辐射裂解产生了C══C双键等生色基团,可用于解释原本无色透明的聚碳酸酯试样会在辐照后变成了咖啡色且其颜色随吸收剂量的增加而加深的原因。

3.2.5 分子量及其分布

聚碳酸酯辐射老化试样的分子量变化趋势如图3-9所示。其中,M_w为重均分子量;M_n为数均分子量;PDI为分子量分布指数,PDI=M_w/M_n。

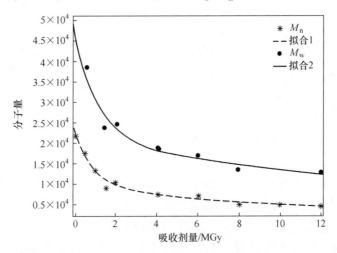

图3-9 聚碳酸酯辐射老化试样的分子量变化趋势(实线:重均分子量;虚线:数均分子量)

由图3-9可以看出,在0~2MGy吸收剂量范围内,分子量下降最快,说明辐射降解导致的主链断裂过程在迅速进行;2~8MGy范围内,分子量在缓慢下降,说明辐射降解导致的主链断裂过程在缓慢进行;8~12MGy范围内,分子量基本维持恒定,变化很小,说明辐射降解过程已基本结束。此外根据分子量分布指数的计算数据可见,分子量分布指数随吸收剂量的增加而逐渐上升,表明分子量分布随吸收剂量的增大变得更宽。分子量及其分布的变化趋势也间接证明了在0~12MGy剂量范围内辐射降解机理占优势,分子在辐射下不断变成更小的碎片,使分子量不断减少。

通过曲线拟合,求得聚碳酸酯辐射老化试样的重均分子量拟合方程为

$$M_w = [2.497 \times \exp(-0.8833D) + 2.086 \times \exp(-0.04431D)] \times 10^4 \quad (3-5)$$

式中:M_w为重均分子量;D为吸收剂量(MGy)。

求得聚碳酸酯辐射老化试样的数均分子量拟合方程为

$$M_n = [1.277 \times \exp(-1.072D) + 0.9265 \times \exp(-0.06124D)] \times 10^4 \quad (3-6)$$

式中:M_n为数均分子量;D为吸收剂量(MGy)。

上述拟合方程表明,聚碳酸酯的重均分子量和数均分子量在较低剂量下即随着指数的衰减迅速下降,可见辐射对聚碳酸酯的分子量有较大的影响。由于曲线在不断下降并且没有上升段或维持段,因此不存在辐射交联占优势的可能性,辐射降解机理在全程占优势。

3.2.6 表面化学状态

聚碳酸酯辐射老化试样的XPS谱表面分析结果见表3-1。

表3-1 聚碳酸酯辐射老化试样的XPS谱表面分析结果

D/MGy	C1s/eV	C1s/%(原子分数)	C1sA/eV	C1sA/%(原子分数)	O1s/eV	O1s/%(原子分数)	O1sA/eV	O1sA/%(原子分数)
0	284.63	77.38			531.87	20.22		
2	284.64	84.8			531.72	9.88	533.52	5.32
4	284.51	21.00	285.67	54.61	531.56	6.70	533.10	17.68
6	284.60	59.65	287.92	7.47	531.45	20.76	532.78	12.11
8	284.59	52.89			532.14	30.22	533.86	16.89
10	284.58	73.6			532.09	15.72	533.67	10.68
12	284.65	64.51			532.63	30.06	534.28	5.42

在表3-1中，O1s(较低的值)为C═O双键，O1sA(较高的值)为C—O单键。可以看出，随着吸收剂量的增加，C1s的结合能基本上没有变化，O1s(氧的双键)的结合能在低于6MGy剂量时略有降低，在高于8MGy剂量时略有增加，O1sA(氧的单键)的结合能略有波动，只有12MGy剂量对应的结合能略有增加。通过分析发现，C1s和O1s的结合能、化学位移的变化基本上没有规律性。但C1s的元素含量在波动中有所下降，并且O1s的元素含量在波动中有所增加，表明聚碳酸酯表面的氧化程度有增加的趋势。

3.3 伽马射线辐射降解动力学

高聚物的辐射降解一般服从无规降解动力学，分子链上任何一处的同类化学键都有均等的断键机会，高分子链每断裂一次，体系中就会增加1个分子，而高分子链上每个单体链段间的键都可以断裂，所以体系中高分子总数的变化速率应正比于可断裂而尚未断裂的键数[15]。唐敖庆[16]推导了聚合物的无规裂解反应的宏观动力学方程：

$$-\ln\left(\frac{X_n - 1}{X_n}\right) = -\ln\left(\frac{X_0 - 1}{X_0}\right) + kt \quad (3-7)$$

式中：k 为反应速度常数(s^{-1})；X_n 为聚合物降解后的数均聚合度；X_0 为聚合物的数均聚合度。

罗世凯[15]在该宏观动力学方程的基础上，进一步推导了聚合物辐射降解的无规降解动力学方程：

$$\frac{1}{X_n} = A_1 + K_c D \quad (3-8)$$

式中：X_n 为数均聚合度；A_1 为常数；K_c 为辐射降解的速率常数(MGy^{-1})；D 为吸收剂量(MGy)。

式(3-8)的物理意义在于：在聚合物的无规降解过程中，其数均聚合度的倒数与吸收

剂量 D 成正比(其中,D 为辐照时间的函数,等于剂量率×辐照时间),因此以 $1/X_n$ 对 D 作图,如果获得一条直线,则表明该材料的辐射降解是属于无规降解类型,高分子链上任何一处同类化学键都有均等的断裂机会[15]。

按照数均聚合度 $X_n=M_n/W$(其中,M_n 为数均分子量;W 为聚碳酸酯的单体分子量,数值为254),计算出各吸收剂量对应的数均聚合度,并计算出其倒数 $1/X_n$,并以 $1/X_n$ 对 D 作图进行拟合,如图 3-10 所示。由于 $1/X_n=W/M_n$,由上面求得的数均分子量拟合方程和聚合物无规降解动力学方程可推得下式:

$$A_1 + K_c D = \frac{1}{X_n} = \frac{W}{M_n} = \frac{W}{1.277 \times \exp(-1.072D) + 0.9265 \times \exp(-0.06124D)} \tag{3-9}$$

由式(3-9)可见,数均分子量 M_n 和数均聚合度 X_n 及数均聚合度的倒数均为吸收剂量的函数。由于数均分子量可由仪器分析方法测得,其数均聚合度可由数均分子量数据通过计算获得,因此可由式(3-9)推得辐射降解速率常数 K_c 与吸收剂量 D 的关系式为

$$K_c = \frac{\dfrac{W}{1.277 \times \exp(-1.072D) + 0.9265 \times \exp(-0.06124D)} - A_1}{D} \tag{3-10}$$

对式(3-10)的理论分析:式(3-10)不包括 $D=0$ 的情况,即对应于在没有辐射的情况下也没有发生降解。由式 K_c 可见,也应该是吸收剂量 D 的函数。这包括两种情况:①K_c 是 D 的零阶函数,即恒定不变的常数,这种情况对应的是聚合物的无规降解机理,高分子链上任何一处同类化学键都有均等的断键机会;②K_c 是 D 的一阶或一阶以上函数,即随吸收剂量而发生变化,这种情况对应的是相反的机理,即聚合物的有规降解机理(解聚),高分子链上的化学键有选择性地发生断裂,不同的化学键有不同的断裂概率。

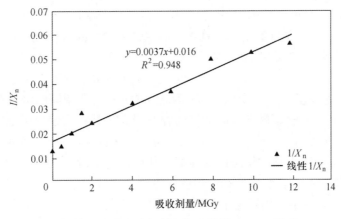

图 3-10 聚碳酸酯辐射老化试样的 $1/X_n$-D 关系

从图 3-10 可以看出,随吸收剂量的增加,数均聚合度也随对应的数均分子量的减少而逐步变小,其倒数 $1/X_n$ 随吸收剂量的增加而逐渐变大,通过对其倒数 $1/X_n$ 对吸收剂量 D 作图,并线形拟合,其结果得到一条直线,且该直线具有较高的相关系数($R^2=$

0.948),表明聚碳酸酯的辐射降解过程符合聚合物无规降解的特征,属于无规降解,即在高能伽马射线的辐照下聚碳酸酯的任何一处同类化学键都有均等的断键机会,其主链的断裂程度随吸收剂量的增加而增加。

通过曲线拟合求解出其数均聚合度的方程(无规降解动力学方程)为

$$\frac{1}{X_n} = 0.016 + 0.0037D \quad (R^2 = 0.948) \tag{3-11}$$

其中,$K_c = 0.0037$为聚碳酸酯的辐射降解速率常数。

3.4 高、低剂量率伽马射线辐射对聚碳酸酯性能的影响的对比

3.4.1 力学性能

高、低剂量率辐射对聚碳酸酯试样力学性能的影响的对比见表3-2。

表3-2 高、低剂量率辐射对聚碳酸酯试样力学性能影响的对比

剂量率/ (Gy/min)	平均拉伸强度/MPa				强度保留率/%		
	0MGy	0.5MGy	1MGy	1.5MGy	0.5MGy	1MGy	1.5MGy
5	62.10	57.96	26.68	14.84	93.33	42.96	23.90
100	71.40	59.60	41.60	22.10	83.47	58.26	30.95

从表3-2可见,在高剂量率(100Gy/min左右)辐射和低剂量率(5Gy/min左右)辐射下,当吸收剂量为0.5MGy时,聚碳酸酯的高剂量率辐射下的强度保留率较低剂量率辐射下的强度保留率低10%左右,这表明在0.5MGy处高剂量率辐射对聚碳酸酯的损伤程度要比低剂量率辐射略高一些。

而在5Gy/min+1MGy和5Gy/min+1.5MGy的低剂量率辐射下,聚碳酸酯的强度保留率比高剂量率辐射下的强度保留率分别低15%和7%左右,这表明较高吸收剂量的低剂量率辐射对聚碳酸酯材料有更大的破坏作用。

同高剂量率(100Gy/min)辐射下的力学性能的变化情况相比,在小于0.5MGy吸收剂量时聚碳酸酯的强度只有轻微的下降,超过0.5MGy后在相同的吸收剂量处,聚碳酸酯在低剂量率(5Gy/min)辐射下性能下降的程度要高于其在高剂量率下的情况,这表明同等吸收剂量的低剂量率(5Gy/min)辐射对聚碳酸酯材料的损伤程度要高于高剂量率(100Gy/min)辐射下对该材料的损伤程度。其可能的机理为:低剂量率辐射的时间要远高于高剂量率辐射的时间,因此在低剂量率辐射老化过程中除了材料的辐射降解机理外,还涉及在空气气氛下的热氧老化机理、潮湿环境下的水解机理等降解机理,由于低剂量率辐射时间长,这两个其他类型的机理经过长时期的累积效应,也可能是在三种机理的综合作用下,对材料的降解产生了较大的影响,对材料强度的下降构成了较大的贡献,在该种情况下,3种降解机理均为材料降解的主要机理。而在高剂量率辐射过程中,由于辐射时间较短,热氧老化机理和水解机理对材料性能的下降贡献的比例较小,因此在高剂量率辐射下,材料的降解中以辐射降解机理为主要的降解机理,而热氧老化机理和水解机理

均为影响较小的次要机理。

3.4.2 分子量及其分布

低、高剂量率辐射下聚碳酸酯试样分子量变化情况如图3-11和图3-12所示。

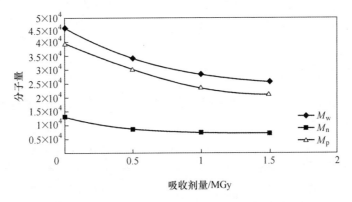

图3-11 低剂量率(5Gy/min+0.5~1.5MGy)辐射老化下聚碳酸酯试样的分子量

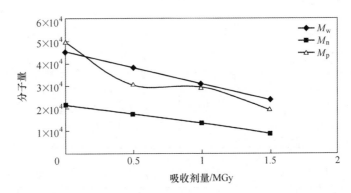

图3-12 高剂量率(100Gy/min+0.5~1.5MGy)辐射老化下聚碳酸酯试样的分子量

对比图3-11和图3-12,发现在低剂量率辐射下,聚碳酸酯的分子量下降得更快一些。这表明低剂量率辐射比高剂量率辐射对聚碳酸酯具有更大的损伤能力。

由表3-3、表3-4中的两组分子量分布指数数据的对比可见,聚碳酸酯材料在低剂量率辐射试验中分子量分布指数比高剂量率辐射老化试验中的分子量分布指数更高,由于分子量分布指数 $PDI=M_w/M_n$,分子量分布指数更高表明聚碳酸酯材料分子被低剂量率辐射打断后分子量分布更为分散,其分散程度要大于高剂量率辐射中的情况。

表3-3 高剂量率(100Gy/min)辐射下聚碳酸酯试样的分子量及其分布指数

D/MGy	M_w	M_n	M_p	PDI
0	45205	21630	49558	2.09
0.5	38006	17505	30514	2.17
1	30622	13351	29243	2.29
1.5	23581	9038	19522	2.61

表 3-4　低剂量率(5Gy/min)辐射下聚碳酸酯试样的分子量及其分布指数

D/MGy	M_w	M_n	M_p	PDI
0	46087	13171	40305	3.5
0.5	34756	8627	30830	4.03
1	28969	7614	23928	3.8
1.5	25951	7171	21183	3.62

3.4.3　数均聚合度

聚碳酸酯试样在低、高剂量率辐射下数均聚合度及其保留率变化情况见表 3-5 和表 3-6。

表 3-5　高剂量率辐射下聚碳酸酯试样的数均聚合度(X_n)及其保留率(X'_n)

D/MGy	M_n	X_n	X'_n/%
0	21630	85	100
0.5	17505	69	81
1	13351	53	62
1.5	9038	36	42
2	10460	41	48
4	7599	30	35
6	7212	28	33
8	5050	20	24
10	4765	19	22
12	4674	18	21

表 3-6　低剂量率辐射下聚碳酸酯试样的数均聚合度(X_n)及其保留率(X'_n)

D/MGy	M_n	X_n	X'_n/%
0	13171	52	100
0.5	8627	34	65
1	7614	30	58
1.5	7171	28	54

由表 3-5 和表 3-6 可见,无论在高剂量率辐射下还是在低剂量率辐射下,聚碳酸酯的数均聚合度都随吸收剂量的增加而不断下降,而且低剂量率辐射下数均聚合度保留率低于高剂量率下的情况。这表明低剂量率辐射对聚碳酸酯材料有更大的损伤程度。

3.4.4　外观形貌

下面分别给出了高剂量率(100Gy/min 左右+0~12MGy)辐射下聚碳酸酯试样的外观形貌变化情况,如图 3-13 所示。

聚碳酸酯原本是无色透明的,经高剂量率辐射后,随吸收剂量的增加,老化试样的颜色有加深的趋势,0.5MGy 对应的试样颜色为橙色,1.0MGy 对应的试样颜色为橙红色,1.5MGy 对应的试样颜色为红色,2.0MGy 对应的试样颜色为红棕色,4MGy 对应的试样颜

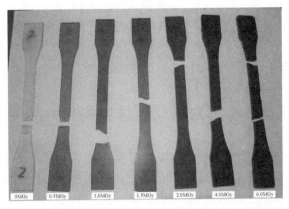

图 3-13 高剂量率辐射下聚碳酸酯试样的外观形貌变化情况(见彩插)

试样的吸收剂量从左到右分别为 0MGy、0.5MGy、1.0MGy、1.5MGy、
2.0MGy、4.0MGy、6.0MGy、8.0MGy、10.0MGy、12.0MGy。

色为深棕色,6.0~12.0MGy 的试样颜色为棕黑色。这表明随着吸收剂量的增加,聚碳酸酯内部的生色基团的浓度有增加的趋势。

下面分别给出了低剂量率(5Gy/min+0.5~1.5MGy)辐射下 PC 试样的外观形貌变化情况,如图 3-14 所示。

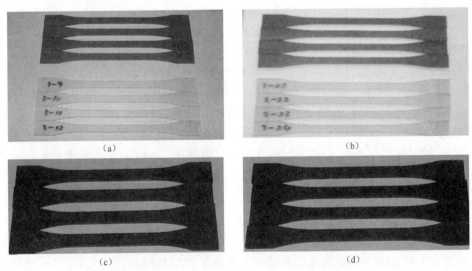

图 3-14 低剂量率辐射下聚碳酸酯试样的外观形貌变化情况(见彩插)

(a)PC,上面 4 个,5Gy/min+0.5MGy;(b)PC,上面 4 个,5Gy/min+1.0MGy;
(c)PC,5Gy/min+1.0MGy;(d)PC,5Gy/min+1.5MGy。

图(a)、(b)中上面一组 4 个试样是低剂量率辐射后的老化试样,
下面一组 4 个试样是用作对比的未辐射的常规老化平行试样。

由图 3-14 可见,在低剂量率(5Gy/min)+吸收剂量 0.5MGy 的辐射老化下,聚碳酸酯内部没有裂纹,但其颜色从无色透明变成了红棕色。从上面的结果可以得出一个初步的结论:聚碳酸酯有明显的颜色变化但没有内部裂纹,其耐低剂量率(5Gy/min+0.5MGy)辐射老化性能较好。在低剂量率(5Gy/min)+吸收剂量 1.0MGy 的辐射老化下,聚碳酸酯的

试样的颜色比0.5MGy下的聚碳酸酯试样的颜色更红一些,没有可见的裂纹产生。这表明聚碳酸酯耐低剂量率(5Gy/min+1.0MGy)辐射老化性能较好。对于聚碳酸酯试样,在5Gy/min+1.5MGy辐射下,颜色比1.0MGy下的颜色更深,外形尚能保持完好,也没有可见的裂纹产生。这表明聚碳酸酯耐低剂量率(5Gy/min+1.5MGy)辐射老化性能较好。

3.5 低剂量率伽马射线辐射对老化试样结构尺寸的影响

低剂量率辐射下聚碳酸酯试样结构尺寸变化情况见图3-15。拉伸试样设计宽度$b_1=20mm$、$b_2=10mm$、$b_3=20mm$,设计厚度$d_1=d_2=d_3=4mm$,设计长度$L=150mm$。其中Δb_1、Δb_2、Δb_3为宽度尺寸变化均值,Δd_1、Δd_2、Δd_3为厚度尺寸变化均值,ΔL为长度尺寸变化均值。

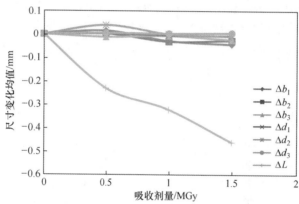

图3-15 低剂量率(5Gy/min+0.5~1.5MGy)辐射下聚碳酸酯试样的结构尺寸变化情况(见彩插)

由图3-15可见,聚碳酸酯在低剂量率辐射下随着吸收剂量的增加,试样的宽度、厚度、长度尺寸均略有收缩,其中宽度和厚度尺寸在轻微的波动中略有收缩,而长度尺寸收缩得较多,最大收缩量达到了-0.48mm/150mm(出现在1.5MGy处),长度尺寸的收缩量基本上随吸收剂量的增加而增加。

3.6 聚碳酸酯的伽马射线辐射老化寿命评估

以试验中建立的聚碳酸酯性能的辐射老化数学模型为核心,编制了聚碳酸酯的辐射老化寿命评估程序(程序界面见图3-16),可用于聚碳酸酯在辐射环境中有效使用寿命的初步评估计算(表3-7)。较为精确的寿命评估尚需考虑辐射剂量率的影响,采用剂量率校正因子进行有效寿命的校正计算。

用于编程的聚碳酸酯性能的辐射老化数学模型(方程组)如下。

(1)拉伸强度老化方程:

$$\sigma_t = 71.9 \times \exp\left[-\frac{(D+19.15)^2}{223.8}\right] + 57.2 \times \exp\left[-\frac{(D+0.031)^2}{1.53}\right]$$

(2)玻璃化转变温度老化方程:

$$T_{g-1} = 0.2228D^2 - 5.4401D + 138.06$$

$$T_{g-2} = 0.2421D^2 - 5.5585D + 141$$
$$T_{g-3} = 0.2596D^2 - 5.5682D + 143.15$$

（3）分子量老化方程：
$$M_w = 2.497 \times \exp(-0.8833D) + 2.086 \times \exp(-0.04431D)$$
$$M_n = 1.277 \times \exp(-1.072D) + 0.9265 \times \exp(-0.06124D)$$

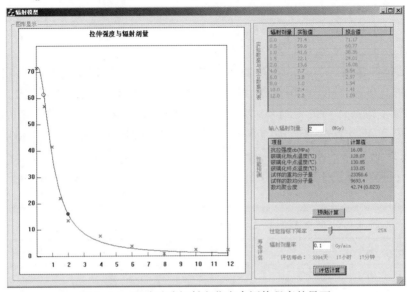

图 3-16　聚碳酸酯辐射老化寿命评估程序的界面

表 3-7　聚碳酸酯辐射老化寿命评估结果

剂量率 $\dot{D}$/(Gy/min)	σ_t-5% 寿命/天	σ_t-10% 寿命/天	σ_t-20% 寿命/天	σ_t-30% 寿命/天	σ_t-40% 寿命/天	σ_t-50% 寿命/天
0.01	13177	19473	29407	38439	47700	57967
0.05	2635	3894	5881	7687	9540	11593
0.1	1317	1947	2940	3843	4770	5796
0.5	263	389	588	768	954	1159
1	131	194	294	384	477	579
10	13	19	29	38	47	57

注：1. 以拉伸强度 σ_t 下降比例为失效判据；
　　2. σ_t-X% 寿命为拉伸强度下降 X% 的时间（寿命）。

（4）数均聚合度老化方程：
$$\frac{1}{X_n} = 0.016 + 0.0037D$$

上述7个参数方程构成了聚碳酸酯辐射老化寿命评估的核心数学模型，将它们逐一编写在计算程序中，可实现对聚碳酸酯的性能预测和寿命评估。其中，性能预测部分设计为输入辐射剂量，点选所需计算的性能参数，计算出该辐射剂量对应的性能参数值和其在老化曲线上的位置。寿命评估部分则设计为点选性能指标下降率，输入辐射剂量率，计算出在该辐射剂量率下达到该性能指标下降率的老化时间，即其老化寿命。

剂量率校正计算：
低剂量率下辐射老化寿命＝高剂量率模型计算寿命×校正因子 C

校正因子 C 的定义：采用某吸收剂量 D 对应的低剂量率辐射下的强度保留率与高剂量率下的强度保留率的比值。

按下面给出的校正因子 C 分剂量段进行校正计算：
(1) $0\sim 0.5$MGy，$C=93.33/83.47=1.12$；
(2) $0.5\sim 1.0$MGy，$C=42.96/58.26=0.74$；
(3) $1.0\sim 1.5$MGy，$C=23.90/30.95=0.77$。

若以其拉伸强度保留率为50%的吸收剂量1.05MGy为其安全剂量上限(更换周期)，正好在 $1.0\sim 1.5$MGy，$C=0.77$，计算寿命时，低剂量率辐射下的相应寿命(更换周期)＝高剂量率模型计算的寿命×0.77。评估结果见表3-8。结果表明，在0.01Gy/min 的剂量率下，修正计算的聚碳酸酯寿命(按拉伸强度下降50%计)可达44635天，约为122年。在其他较高的剂量率下，修正寿命分别为：0.05Gy/min：8927天(约24年)；0.1Gy/min：4464天(约12.2年)；0.5Gy/min：893天(约2.4年)；1Gy/min：446天(约1.2年)。

表3-8 剂量率修正之后的聚碳酸酯辐射老化寿命评估结果

剂量率 $\dot{D}$/(Gy/min)	σ_t-50%寿命/天	修正的寿命/天
0.01	57967	44635
0.05	11593	8927
0.1	5796	4464
0.5	1159	893
1	579	446
10	57	45

注：σ_t-50%寿命为拉伸强度下降50%的时间(寿命)。

3.7 小　　结

通过对聚碳酸酯材料的辐射老化研究，获得了在伽马射线辐射下聚碳酸酯结构与性能的变化规律，主要结论如下。

(1) 从性能的角度看，聚碳酸酯材料的力学性能随吸收剂量的增加而迅速下降，玻璃化转变温度随着吸收剂量的增加而逐步下降，辐射能显著地加重聚碳酸酯的脆化程度，断口表面的光滑程度随吸收剂量的增加而增大。

(2) 从化学结构的角度看，聚碳酸酯的化学结构在辐射前后基本不变，观察到在红外谱图中出现了C═C双键的峰，表明辐射裂解产生了C═C双键等生色基团，使无色透明的聚碳酸酯在辐照后变成了深咖啡色。聚碳酸酯分子量随吸收剂量的增加而不断下降。随着吸收剂量的增加，试样表面层中的C1s的元素含量有所下降，而O1s的元素含量有增加的趋势，这表明聚碳酸酯表面的氧化程度有增加的趋势。

(3) 从辐射降解动力学的角度看，聚碳酸酯的辐射降解属于无规降解类型，其数均聚合度随吸收剂量的增加而逐步下降。聚碳酸酯在 0～12MGy 剂量范围内辐射降解机理占优势。

（4）从力学性能和分子量的角度看,在较高剂量下,低剂量率辐射比高剂量率辐射对聚碳酸酯具有更大的损伤能力。

（5）在低剂量率辐射下,聚碳酸酯试样的长度尺寸的收缩量基本上随吸收剂量的增加而增加。

参 考 文 献

[1] WYPYCH G. 材料自然老化手册[M]. 3 版. 马艳秋,王仁辉,刘树华,等译. 北京:中国石化出版社,2004.

[2] DIEPENS M, JIJSMAN P. Photodegradation of bisphenol A polycarbonate[J]. Polymer Degradation and Stability, 2007, 92:397-406.

[3] ACIERNO D, LA MANTIA F P, TITOMANLIO G, et al. g-Radiation effects on a polycarbonate[J]. Radiat. Phys. Chem., 1980, 16(2):95-99.

[4] RAFAEL N-G, ROUSTAM A. Gaseous products formed by g-irradiation of bisphenol—a polycarbonate[J]. Polym. Bull. (Berlin), 2000, 45(4-5):419-424.

[5] BABANALBANDI A, HILL D J T, WHITTAKER A K. ESR and NMR study of the gamma radiolysis of a bisphenol-a based polycarbonate and a phthalic acid ester[J]. Polym. Adv. Technol., 1998, 9(1):62-74.

[6] BOL'BIT N M, TARABAN V B, KLINSHPONT E R, et al. Effects of spatially correlated generation of macroradicals in the radiolysis of polymers[J], High Energy Chem., 2000, 34(4):229-235.

[7] ORLOV A, FELDMAN V. Effect of phase condition on the low-temperature radiation-induced degradation of polycarbonate as studied by spectroscopic techniques[J]. Polymer, 2001,42:1987-1993.

[8] NAGAI N, OKUMURA H, IMAI T, et al. Depth profile analysis of the photochemical degradation of polycarbonate by infrared spectroscopy[J]. Polymer Degradation and Stability, 2003,81:491-496.

[9] CHEN J, CZAYKA M, URIBE R. Effects of electron beam irradiations on the structure and mechanical properties of polycarbonate[J]. Radiation Physics and Chemistry, 2005, 74:31-35.

[10] ORLOV A Y, FELDMAN V I. Effect of phase condition on the low-temperature radiation—induced degradation of polycarbonate as studied by spectroscopic techniques[J]. Polymer, 2001, 42:1987-1993.

[11] DE MELO N S, WEBER R P, SUAREZ J C M. Toughness behavior of gamma-irradiated polycarbonate[J]. Polymer Testing, 2007, 26:315-322.

[12] JALEH B, PARVIN P, SHEIKH N, et al. Evaluation of physico-chemical properties of electron beam-irradiated polycarbonate film[J]. Radiation Physics and Chemistry, 2007, 76: 1715-1719.

[13] PARK K J, CHIN E Y. Effect of diamond—like carbon thin film deposition on the resistance of polycarbonate to radiation—induced degradation[J]. Polymer Degradation and Stability, 2000, 68:93-96.

[14] 杨强,熊国刚,孙朝明,等. 聚碳酸酯的辐射老化[J]. 辐射研究与辐射工艺学报,2007,25(2):89-94。

[15] 罗世凯. PBX 氟聚合物粘接剂的辐射效应研究[D]. 绵阳:中国工程物理研究院,2002.

[16] 唐敖庆,汤心颐,陈欣方,等. 高分子反应统计理论[M]. 北京:科学出版社,1985.

第4章 聚砜的伽马射线辐射老化

聚砜是用途广泛的一种重要工程材料,其贮存和使用条件涉及高能辐射。因此,对聚砜的辐射老化行为进行研究,能为其使用寿命预测和评估提供必要依据,具有重要的现实意义。

4.1 聚砜的辐射老化机理研究进展

双酚 A 聚砜(PSU)的单元分子式如图 4-1 所示。

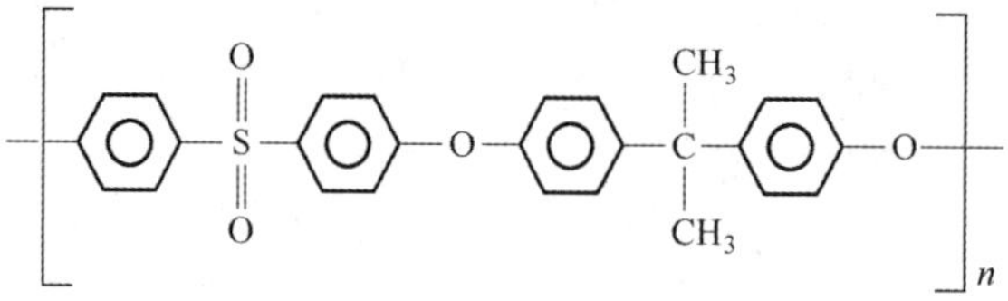

图 4-1 双酚 A 聚砜的单元分子式[1]

双酚 A 聚砜由聚砜片段和双酚 A 片段两部分组成。其中聚砜片段的光降解机理如图 4-2 所示[1]。

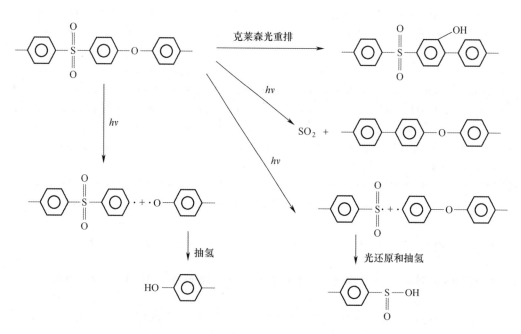

图 4-2 聚砜片段的光降解机理[1]

双酚 A 片段的光降解机理如图 4-3 所示[1]。

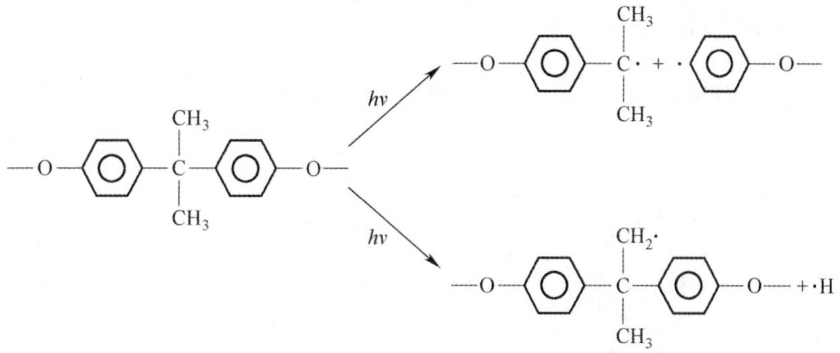

图 4-3　双酚 A 片段的光降解机理[1]

聚砜在伽马射线下降解的支配性反应是主链 C—S 键的断裂并伴随 SO_2 与烯烃的消去[2]。聚烯烃砜的辐射降解中存在阳离子反应,由聚合物碳正离子引发了烯烃产物的阳离子均聚,通过碳正离子中间体形成烯烃的同分异构化,并由自由基和阳离子复合反应引起了逆传播[3]。聚砜在低温(77K)下用伽马射线辐射时,主要的挥发性降解产物是烯烃和 SO_2,以及少量的氢、碎片产物、二聚物、支链消去产物、烯烃的同分异构化产物[4]。1∶1 的 2-甲基-1-戊烯-SO_2 聚合物暴露在伽马射线辐射中,引起广泛的 C—S 键断裂,通过自由基和阳离子逆传播引起解聚,通过阳离子中间体引起游离烯烃的齐聚化,进一步地,辐射通过电荷转移复合物的形成引起同分异构化[5]。3-甲基丁烯-二氧化硫共聚物的辐射化学降解(伽马射线)释放出甲基丁烯的混合物,包含 61% 的 3-甲基-1-丁烯、2% 的 2-甲基-1-丁烯,以及 37% 的 2-甲基-2-丁烯,提出了主链断裂产生的聚合物阳离子的氢化物转移反应是这个同分异构化的机理[6]。9 种烯烃-SO_2 共聚物在伽马射线辐射下的主要挥发性产物是共聚物单体,挥发性产物的 G 产率值随辐射温度的增加而呈指数级增加[7]。使用含有 SO_2 与 1/2 S 的芳香二胺、二(三氟甲基)甲烷二(邻苯二甲酸酐)、聚胺酸和均苯四酸二酸酐制备的聚酰亚胺溶液,伽马射线辐射降解给出断链的 $G(S)$ 值为 1~2,没有交联,在辐射解中出现了明显的重量损失,是由于其中 SO_2 键的断裂和释放[8]。在一系列芳香聚醚-聚砜中,4,4'-双酚-4,4'-二氯二苯基砜共聚物是最能抵抗伽马射线辐射降解的,SO_2 是主要的挥发性产物,对于研究的所有聚砜,最终的拉伸应变都随剂量而降低[9]。液晶聚砜(乙烯基单体-SO_2 共聚物)用高能辐射进行降解,其主链的比键断裂率很高[10]。对双酚 A(Ⅰ)-双酚(Ⅱ)-p-二卤二苯基砜和Ⅱ-氢醌(Ⅲ)-p-二卤二苯基砜的三元聚合物,在 77K 下用伽马射线辐射后进行的 ESR 谱分析表明,在两个自由基的辐射化学产额 $G(R)$ 和 SO_2 的辐射化学产额 $G(SO_2)$,与三元聚合物的Ⅱ单元的摩尔分数之间,存在着近似的线性关系,Ⅱ单元同Ⅰ单元和Ⅲ单元相比,具有确实高得多的抗辐射性[11]。

4.2　高剂量率伽马射线辐射对聚砜结构与性能的影响

本节介绍了聚砜材料在高剂量率辐射下的老化行为以及吸收剂量对该材料试样的结

构与性能的影响规律[12-13]。

4.2.1 力学性能

聚砜辐射老化试样的力学性能测试结果如图4-4~图4-8所示。

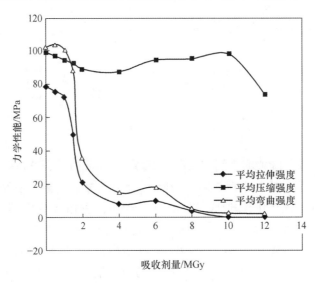

图4-4 吸收剂量对聚砜试样的力学性能测试结果

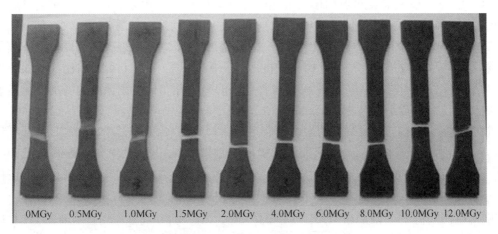

图4-5 辐照前、后的聚砜拉伸试样

由图4-4和图4-5可见,在1MGy以内,聚砜试样的拉伸强度缓慢下降。在1MGy以上,拉伸强度随剂量增加急剧下降,当吸收剂量达到4MGy时,拉伸强度已降至初始强度的10%左右,随后强度继续缓慢下降;当吸收剂量达到8MGy时,拉伸强度已降至初始强度的5%左右。在拉伸强度的测试过程中发现,在1MGy及以下剂量的试样,在拉伸过程中是塑性变形并不断裂;在1.5MGy及以上剂量的试样,在拉伸过程中全部是脆性断裂,随吸收剂量继续增加至10MGy及以上,试样变得非常脆,全部表现为自然脆性断裂。这说明伽马射线辐射能显著加剧聚砜材料的脆化程度。

图 4-6 辐照前、后的聚砜压缩试样

由图 4-4 和图 4-6 可见,聚砜试样的压缩强度随吸收剂量增加略有下降,在 4MGy 左右剂量时压缩强度有一个极小值 87.59MPa(为初始强度的 88%),随后稍有增加至略低于初始强度,在 10MGy 附近达到极大值后,又随吸收剂量的继续增加而迅速下降。同其他几种力学性能相比,压缩强度的变化程度是最不明显的,变化幅度也是最小的。在压缩强度的测试过程中发现,2MGy 及以下剂量的试样在压缩过程中是塑性变形并不断裂;4MGy 的试样在压缩过程中为塑性变形+轻微内裂;6MGy 的试样在压缩过程中为严重内裂,8MGy 的试样在压缩过程中全部为外部损坏,10MGy 及以上剂量的试样在压缩过程中全部脆裂成渣。

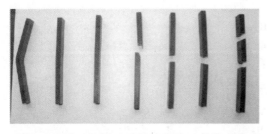

图 4-7 辐照前、后的聚砜弯曲试样

由图 4-4 和图 4-7 可见,聚砜试样剂量在 1MGy 以内,弯曲强度基本不变;在 1MGy 以上,弯曲强度随着吸收剂量的增加而迅速下降,当剂量达到 8MGy 时,弯曲强度已降至初始强度的 5% 左右。在弯曲强度的测试过程中发现,在 1MGy 及以下剂量,弯曲试样在弯曲过程中只是塑性变形并不断裂;在 1.5MGy 以上剂量,全部都为脆性断裂。随吸收剂量继续增加至 10MGy 及以上,试样变得非常脆,部分试样表现为自然脆性断裂。

由图 4-8 可见,聚砜试样的冲击强度在低剂量(0.5MGy)辐射下略有增加,随后迅速下降,到 4MGy 时已基本接近 0,以后一直维持在很低的强度(接近 0)。上述过程可解释为在低剂量辐射(0~0.5MGy)下,聚砜材料内部的辐射交联反应占优势,导致冲击强度略有增加,而后随着吸收剂量的增加(0.5~4MGy),辐射交联反应不再占优势,而辐射降解反应占优势,随着辐射降解程度的加深,聚砜的冲击强度急剧下降,当吸收剂量达到 4MGy 及以上时,聚砜已经严重降解,以至冲击强度接近于 0,并在 4~12MGy 都维持在 0 附近。

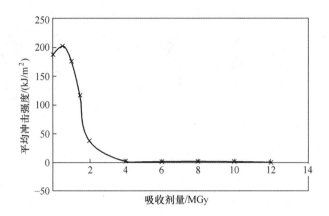

图 4-8 吸收剂量对聚砜辐照试样冲击强度的影响

通过曲线拟合求解的老化方程见式(4-1)~式(4-4)。

拉伸强度老化方程如下：

$$\sigma_{t} = 69.31 \times \exp\left[-\left(\frac{D+0.5193}{0.8415}\right)^{2}\right] + 70.43 \times \exp\left[-\left(\frac{D-0.9035}{1.002}\right)^{2}\right] \quad (4-1)$$

式中：σ_t 为拉伸强度(MPa)；D 为吸收剂量(MGy)。

弯曲强度老化方程如下：

$$\sigma_{fm} = 110.2 \times \exp\left[-\left(\frac{D-0.5297}{1.589}\right)^{2}\right] \quad (4-2)$$

式中：σ_{fm} 为弯曲强度(MPa)；D 为吸收剂量(MGy)。

压缩强度老化方程如下：

$$\sigma = -0.0009021 D^{6} + 0.01025 D^{5} + 0.05909 D^{4} \\ -1.118 D^{3} + 4.712 D^{2} - 9.893 D + 105.7 \quad (4-3)$$

式中：σ 为压缩强度(MPa)；D 为吸收剂量(MGy)。

冲击强度老化方程如下：

$$a = 193.2 \times \exp\left[-\left(\frac{D-0.2007}{0.8655}\right)^{2}\right] + 107.9 \times \exp\left[-\left(\frac{D-1.265}{0.6838}\right)^{2}\right] \quad (4-4)$$

式中：a 为冲击强度(kJ/m²)；D 为吸收剂量(MGy)。

4.2.2 化学结构

聚砜辐射老化试样的用于表征化学结构的红外光谱分析结果如图4-9所示。

由图4-9可见，未辐照试样的红外光谱图与辐照后试样的红外光谱图基本一致，峰出现的位置和峰高基本一致，表明聚砜的化学基团在辐照前后基本不变。原本浅棕色的聚砜试样在辐照后变成了深咖啡色，可能是由于辐照裂解产生了某种生色基团。

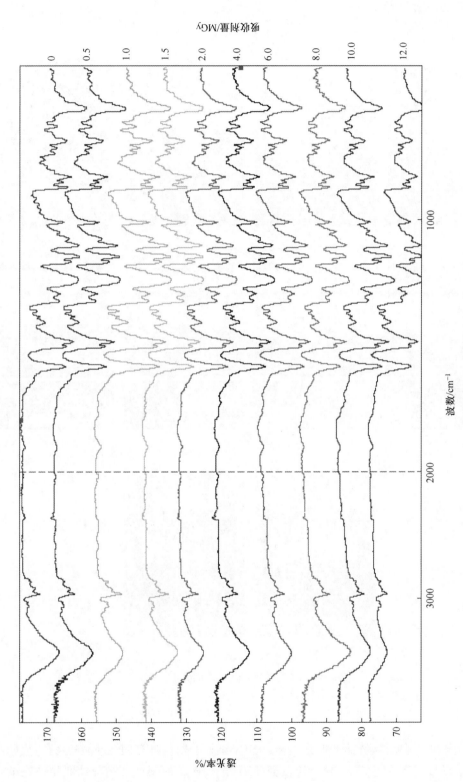

图 4-9 聚砜辐照试样的红外光谱分析结果

4.2.3 断口形貌

各辐射剂量下聚砜老化试样的断口形貌如图 4-10 所示。

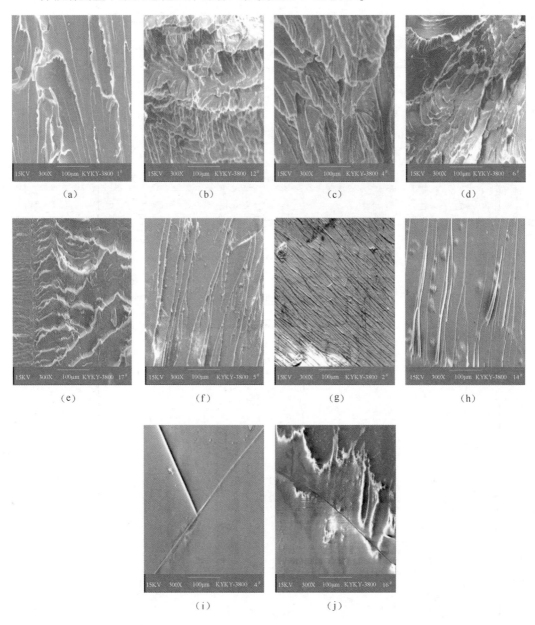

图 4-10 聚砜辐射老化试样的断口形貌
(a)0MGy;(b)0.5MGy;(c)1.0MGy;(d)1.5MGy;(e)2.0MGy;(f)4.0MGy;
(g)6.0MGy;(h)8.0MGy;(i)10.0MGy;(j)12.0MGy。

由图 4-10 可见,从特征上来看,0~1.5MGy 试样的断口具有韧性断裂的特征,表明聚砜原本是一种具有一定韧性的材料,在轻度辐射下,材料的韧性逐渐降低而脆性逐渐增加,但整体上仍为韧性材料;在中高剂量(2.0~12.0MGy)辐射下,试样的断口断面平滑、干净、无微观塑性变形特征,呈现冰糖块形貌,属于典型的脆性断裂的断口,表明聚砜材料已经变为脆性材料,并且随吸收剂量的增加,断口表面变得光滑,脆化特征变得明显,宏观上随剂量增加变得更脆(从78.6MPa的初始强度下降到0左右),甚至只要轻轻一碰就脆断成小块,甚至碎渣。在高剂量下的试样的断口表面出现了众多的微裂纹,表明高剂量辐射会引发聚砜材料内部微裂纹的产生。这说明聚砜材料本身是韧性材料,而辐射能显著地加重其脆化程度。聚砜试样本身是浅棕色的,说明其内部含有少量不饱和生色基团;经辐射后,试样变为咖啡色,且颜色有随吸收剂量的增加而加深的趋势。这表明聚砜材料经辐射裂解可能产生了某种生色基团,使原本浅棕色的聚砜试样变成了深咖啡色。

4.2.4 玻璃化转变温度

聚砜辐射老化试样的玻璃化转变温度测试结果如图4-11所示。

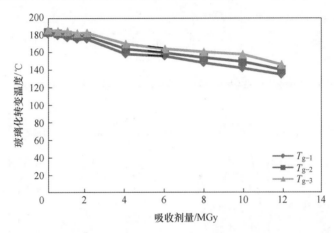

图4-11 聚砜辐射老化试样的玻璃化转变温度测试结果(见彩插)

由图4-11可见,随着吸收剂量的增加,聚砜的玻璃化转变始点、中点、终点温度的总体趋势是逐步下降。由于玻璃化温度与聚合物分子量有关,对于同一种材料来说,分子量高则其玻璃化温度也高,分子量低则其玻璃化温度也低,因此上述结果大致反映了聚砜的分子量的总体变化趋势是随着吸收剂量的增加而逐步下降,同时也说明聚砜的热稳定性也随着吸收剂量的增加而下降。

聚砜玻璃化转变温度的方程如下:

$$T_{g\text{-}1} = 0.105 D^2 - 5.019D + 181.6, \quad R^2 = 0.9859 \tag{4-5}$$

$$T_{g\text{-}2} = 0.07354 D^2 - 4.353D + 184, \quad R^2 = 0.9847 \tag{4-6}$$

$$T_{g\text{-}3} = 0.03743 D^2 - 3.577D + 186.5, \quad R^2 = 0.9751 \tag{4-7}$$

式中:$T_{g\text{-}1}$、$T_{g\text{-}2}$、$T_{g\text{-}3}$分别为玻璃化转变始点、中点、终点温度(℃);D为吸收剂量(MGy)。

4.2.5 分子量及其分布

聚砜辐射老化试样的分子量及其分布分析结果如图4-12~图4-14所示。其中,M_p为峰值分子量;M_w为重均分子量;M_n为数均分子量;PDI为分子量分布指数,PDI = M_w/M_n。

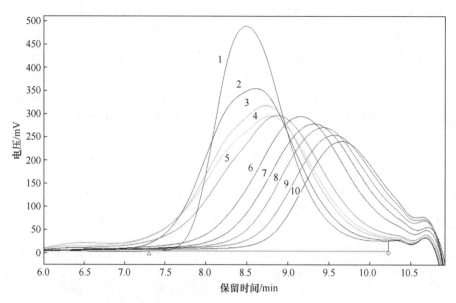

图 4-12 聚砜辐射老化试样的 GPC 叠图（曲线编号 1~10 对应于吸收剂量 0~12MGy）

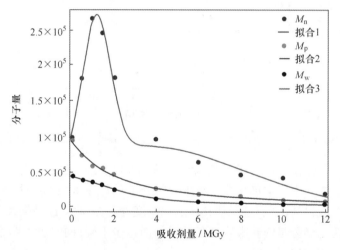

图 4-13 聚砜辐射老化试样的分子量变化趋势（见彩插）

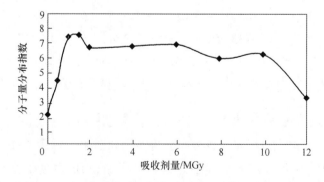

图 4-14 聚砜辐射老化试样的分子量分布指数的变化趋势

由图 4-12~图 4-14 可见,总体上,数均分子量和峰值分子量是在不断下降的,而重均分子量是先快速增加,而后又快速下降。细节上,在 0~4.0MGy 吸收剂量范围内,数均分子量和峰值分子量下降较快,说明辐射降解过程在迅速进行;在 4.0~12.0MGy 范围内,分子量在缓慢下降,说明辐射降解过程在缓慢进行。而重均分子量在 0~1.0MGy 范围内,在迅速按线性方式增加,并在 1.0MGy 处达到极大值,表明辐射引发的聚砜材料内部的交联过程在迅速进行;随后在 1.0~4.0MGy 范围内,重均分子量迅速下降,表明交联反应已经结束,而降解反应占优势;在 4.0~10.0MGy 范围内,重均分子量在缓慢下降,表明辐射降解反应依旧在缓慢进行之中。而在 10.0~12.0MGy 范围内,重均分子量又快速下降,表明在很高剂量下聚砜材料依旧在加速降解。分子量分布指数随吸收剂量的增加迅速增加,在 1.0~1.5MGy 附近达到极大值,可解释为聚砜在经历了初步的辐射反应后内部同时存在辐射降解产生的小分子链和辐射交联产生的更大分子链,使聚砜材料的分子量分布变得更宽了;随后在 2.0~10.0MGy 高位震荡中缓慢下降,表明聚砜在进一步的辐射降解过程中成为分子量悬殊很大的聚合物,原来的大分子链正在逐步地降解和缩短,大分子链和小分子链同时存在;在 10.0~12.0MGy 又迅速下降,表明聚砜经过深度辐射降解已经变成分子量比较均匀的小分子量聚合物。

聚砜辐射老化试样的分子量拟合方程如下:

$$M_n = \left\{ 3.393 \times \exp\left[-\left(\frac{D+1.063}{3.393}\right)^2 \right] + 5.783 \times \exp\left[-\left(\frac{D+44.39}{37.05}\right)^2 \right] \right\} \times 10^4$$
(4-8)

$$M_w = \left\{ 19.1 \times \exp\left[-\left(\frac{D-1.199}{0.9306}\right)^2 \right] + 8.689 \times \exp\left[-\left(\frac{D-3.391}{6.719}\right)^2 \right] \right\} \times 10^4$$
(4-9)

$$M_p = [5.563 \times \exp(-0.6519D) + 3.794 \times \exp(-0.1129D] \times 10^4 \quad (4-10)$$

式中:M_n 为数均分子量;M_w 为重均分子量;M_p 为峰值分子量;D 为吸收剂量(MGy)。

4.2.6 表面化学状态

聚砜辐射老化试样的表面 XPS 分析结果见图 4-15、图 4-16。

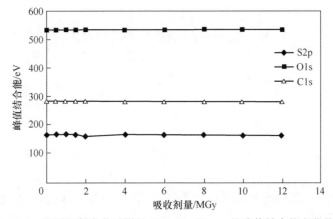

图 4-15 聚砜辐射老化试样的 S2p、C1s 和 O1s 的峰值结合能变化趋势

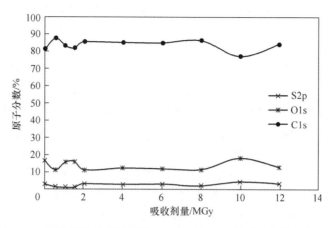

图4-16 聚砜辐射老化试样的S2p、C1s和O1s的原子分数变化趋势

由图4-15和图4-16可见，随着吸收剂量的增加，聚砜表面上的S2p、O1s、C1s的结合能基本上没有变化，保持恒定。而表面上三种元素的原子分数有所波动，一开始，表面上的硫和氧的原子分数有所下降而碳的原子分数有所增加，这可能与聚砜材料辐照表面层的分解引发的表层SO_2气体的释放有关，它导致了表面层中硫和氧原子分数的下降，以及碳原子分数的增加；随着吸收剂量的增加，聚砜表面上硫和氧的原子分数有所增加，并在相当宽的一段吸收剂量范围内保持恒定，可能与聚砜材料辐照内部分解引发的SO_2向其表面层的扩散有关，材料内部释放出的SO_2在经表面层向外部扩散的过程中，使表面层上在前面阶段下降了的硫和氧的原子分数有所增加，当SO_2从内部向表面层扩散的速率与从表面层向外部扩散的速率达到平衡时，硫和氧的原子分数就保持平衡了。在高剂量阶段碳的原子分数的降低、与硫和氧的原子分数的增加，可能是因为伴随着聚砜的降解，聚砜内部还有降解产生的烯烃在不断地向外扩散和释放，当其内部产生的烯烃经扩散大量释放后，由于烯烃带走了大量的碳原子，因此碳的原子分数会有所下降，而材料表层残留的硫和氧的原子分数就增加了。在趋势图最后的一小段，碳的原子分数又有所增加和恢复、硫和氧的原子分数有所下降和恢复，可能是由于材料中SO_2和烯烃的释放过程都已结束，碳、硫和氧的原子分数又恢复了一定的比例。

4.3 伽马射线辐射降解动力学

罗世凯[14]推导了聚合物辐射降解的无规降解动力学方程为

$$\frac{1}{X_n} = A_1 + K_c D \qquad (4-11)$$

式中：X_n为数均聚合度；A_1为常数；K_c为辐射降解的速率常数（MGy^{-1}）；D为吸收剂量（MGy）。

按照$X_n = M_n/W$（W为聚砜的单体分子量，数值为442）计算出各吸收剂量对应的数均聚合度，如图4-17所示。

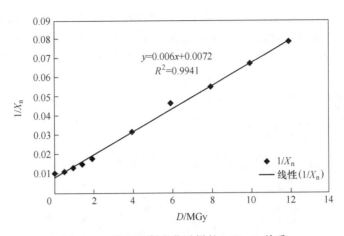

图 4-17　聚砜辐射老化试样的 $1/X_n$-D 关系

由图 4-17 可见,在低剂量阶段,$1/X_n$-D 关系曲线有些偏离线形,其形状类似幂函数或指数函数,可能与聚砜在低剂量阶段由辐射引发的主链 C—S 键断裂机理占优势有关,如果主链上 C—S 键断裂占优势,其结果可能会使 $1/X_n$-D 关系曲线偏离线性,同时辐射引发的交联反应也可能导致上述曲线偏离线性。在中高剂量阶段,$1/X_n$-D 关系曲线基本上是线性的,表明在中高剂量阶段,由辐射引发的聚砜材料内部的化学键的无规断裂方式占优势。从上述曲线拟合结果来看,总体上,聚砜材料在化学上的降解是无规降解,即高能辐射随机地打断材料内部的化学键,使聚砜材料的数均聚合度不断下降,同时产生各种碎片产物,并释放出 SO_2 和烯烃等气体。

将 $1/X_n$ 对剂量 D 作图,经线性拟合得到一条直线,拟合曲线见图 4-17,表明聚砜的降解是无规降解,其数均聚合度的方程(辐射降解动力学方程)如下:

$$\frac{1}{X_n} = 0.0072 + 0.006D, \quad R^2 = 0.9941 \tag{4-12}$$

式中:聚砜的辐射降解速率常数 $K_c = 0.006$。

4.4　高、低剂量率伽马射线辐射对聚砜性能的影响的对比

4.4.1　力学性能

高、低剂量率辐射对聚砜试样的拉伸强度及其强度保留率的影响的对比见表 4-1。

表 4-1　高、低剂量率辐射对聚砜试样的拉伸强度及其强度保留率的影响的对比

剂量率/ (Gy/min)	平均拉伸强度/MPa				强度保留率/%		
	0MGy	0.5MGy	1MGy	1.5MGy	0.5MGy	1MGy	1.5MGy
5	77.81	75.32	51.50	27.46	96.80	66.19	35.29
100	78.6	75.84	72.49	49.95	96.49	92.23	63.55

从表 4-1 可见,在高剂量率(100Gy/min 左右)辐射和低剂量率(5Gy/min 左右)辐射

作用下,当吸收剂量为0.5MGy时,相比之下聚砜在高低剂量率下的拉伸强度(σ_t)数据基本上是一致的,聚砜的强度保留率(retained strength)基本上是一致的,聚砜的强度只有轻微的降低,在0.5MGy时剂量率的高低对聚砜材料的强度的影响程度基本上没有差别。而在1MGy和1.5MGy的低剂量率辐射下,PSU的强度保留率均低于高剂量率辐射下的强度保留率。这表明长期的低剂量率辐射对PSU材料有更大的破坏作用。

4.4.2 分子量及其分布

高、低剂量率辐射下聚砜老化试样分子量变化情况见图4-18、表4-2和表4-3。

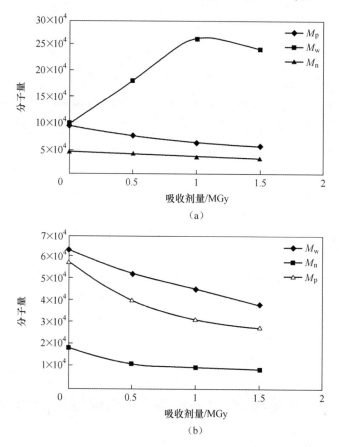

图4-18 高、低剂量率辐射下聚砜老化试样分子量变化趋势的对比
(a)高剂量率结果;(b)低剂量率结果。

表4-2 高剂量率(100Gy/min)辐射下聚砜老化试样的分子量及其分布指数

D/MGy	M_w	M_n	M_p	PDI
0	97802	44562	94428	2.19
0.5	181725	40877	75154	4.45
1.0	264389	35634	60419	7.42
1.5	244113	32415	55047	7.53

表 4-3　低剂量率(5Gy/min)辐射下聚砜老化试样的分子量及其分布指数

D/MGy	M_w	M_n	M_p	PDI
0	63444	18243	58193	3.48
0.5	52959	11462	40282	4.62
1.0	45819	10039	31896	4.56
1.5	38565	8971	27914	4.3

由图 4-18、表 4-2 和表 4-3 中的两组分子量数据和下降曲线的对比可见,聚砜材料在高剂量率辐射下交联反应(重均分子量的上升段)与降解反应共存,而低剂量率辐射下主要是降解机理占优势;在低剂量率辐射试验中分子量比高剂量率辐射老化试验中的分子量下降得更快一些。这表明同等吸收剂量的低剂量率辐射对聚砜材料的损伤程度远大于高剂量率辐射中的情况。

4.4.3　数均聚合度

聚砜高、低剂量率辐射下数均聚合度变化对比结果见表 4-4、表 4-5。

表 4-4　高剂量率辐射下聚砜老化试样的数均聚合度(X_n)及其保留率(X_n')

D/MGy	M_n	X_n	X_n'/%
0	44562	101	100
0.5	40877	92	91
1.0	35634	81	80
1.5	32415	73	72
2.0	26894	61	60
4.0	14043	32	32
6.0	9493	21	21
8.0	8107	18	18
10.0	6602	15	15
12.0	5647	13	13

表 4-5　低剂量率辐射下聚砜老化试样的数均聚合度(X_n)及其保留率(X_n')

D/MGy	M_n	X_n	X_n'/%
0	18243	41	100
0.5	11462	26	63
1.0	10039	23	56
1.5	8971	20	49

由表 4-4 和表 4-5 中的两组数均聚合度数据(聚砜的单体分子量为 442)的对比可见,聚砜材料在高剂量率辐射下数均聚合度的保留率下降得较慢,而在低剂量率辐射下数均聚合度下降得较快。这表明同等吸收剂量的低剂量率辐射对聚砜材料的损伤程度要大

于高剂量率辐射中的情况。

4.5 低剂量率伽马射线辐射对聚砜性能的影响

4.5.1 外观形貌

低剂量率辐射对聚砜老化试样的外观形貌的影响如图4-19和图4-20所示，图中分别给出了低剂量率(5Gy/min+0.5~1.5MGy)辐射下聚砜材料的外观形貌变化情况。

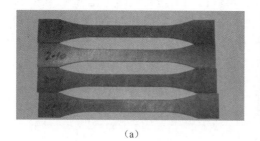
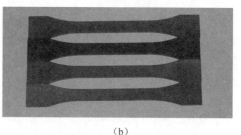

(a) (b)

图4-19 聚砜外观形貌Ⅰ(见彩插)
(a)未辐照试样；(b)5Gy/min+0.5MGy试样。

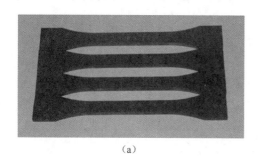
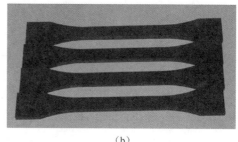

(a) (b)

图4-20 聚砜外观形貌Ⅱ(见彩插)
(a)5Gy/min+1.0MGy试样；(b)5Gy/min+1.5MGy试样。

图4-19与图4-20所示为在低剂量率辐射老化试验中，聚砜材料拉伸试样辐射老化后外观形貌与常规初始试样的外观形貌对比图。

从图4-19可见，低剂量率(5Gy/min)+吸收剂量0.5MGy的辐射下聚砜试样内部没有裂纹，其颜色略微加深；聚砜耐低剂量率(5Gy/min+0.5MGy)辐射老化性能较好。

从图4-20可见，低剂量率(5Gy/min)+吸收剂量1.0MGy的辐射下聚砜试样的情况与0.5MGy下辐射的聚砜试样的外观形貌基本一致，颜色略微偏红，聚砜耐低剂量率(5Gy/min+1.0MGy)辐射老化性能较好。

从图4-20可见，聚砜试样在1.5MGy时，只是颜色略有些偏红，外形尚能保持完好。上述结果表明聚砜的耐低剂量率(5Gy/min+1.5MGy)辐射老化性能较好。

4.5.2 结构尺寸

聚砜材料的低剂量率(5Gy/min，空气气氛，室温)辐射老化试样的外观尺寸变化情况如下:聚砜的 5Gy/min+0.5MGy、5Gy/min+1.0MGy、5Gy/min+1.5MGy 三组试样外形完好,具有可测量性,因此测量了其尺寸,并取其均值与同一试样的初始尺寸均值进行了对比,取一组5个试样的差值的平均值作为低剂量率辐射老化试样的外观尺寸变化均值,其变化趋势如图4-21所示。拉伸试样设计宽度 $b_1=20\text{mm}$、$b_2=10\text{mm}$、$b_3=20\text{mm}$,设计厚度 $d_1=d_2=d_3=4\text{mm}$,设计长度 $L=150\text{mm}$。其中 Δb_1、Δb_2、Δb_3 为宽度尺寸变化均值,Δd_1、Δd_2、Δd_3 为厚度尺寸变化均值,ΔL 为长度尺寸变化均值。

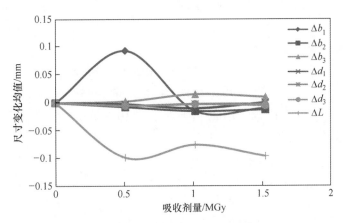

图4-21 低剂量率(5Gy/min)辐射下聚砜老化试样的结构尺寸变化情况(见彩插)

从图4-21可见,聚砜在低剂量率辐射下随着吸收剂量的增加,试样的宽度(b)、厚度(d)、长度(L)尺寸均随吸收剂量的增加而略有波动,其中一个宽度尺寸在0.5MGy时有一个0.08mm/20mm的膨胀量,其他宽度和厚度尺寸均有所波动,长度尺寸收缩得较多,最大收缩量为0.5MGy时的-0.10mm/150mm,其后长度尺寸没有随吸收剂量的增加而发生进一步的收缩。

聚砜试样在经过了吸收剂量为0.5MGy、1.0MGy、1.5MGy的低剂量率(5Gy/min)辐射以后,各外观尺寸除个别外主要的变化趋势是均有不同程度的收缩,如果扣去测量误差±0.02mm,聚砜试样的宽度尺寸和厚度尺寸除个别外基本上没有变化,长度尺寸只收缩了0.10mm;聚砜在低剂量率辐射老化中具有较好的尺寸稳定性。

4.6 聚砜的伽马射线辐射老化寿命评估

4.6.1 聚砜的伽马射线辐射老化寿命评估体系的建立

以试验中建立的聚砜性能的辐射老化数学模型为核心,编制了聚砜的辐射老化寿命评估程序(程序界面见图4-22),可用于聚砜在辐射环境中有效使用寿命的初步评估计算。较为精确的寿命评估尚需考虑辐射剂量率的影响,采用剂量率校正因子进行有效寿命的校正计算。

用于编程的聚砜性能的辐射老化数学模型(方程组)如下。

(1)力学性能老化方程:

$$\sigma_{\mathrm{t}} = 69.31 \times \exp\left[-\left(\frac{D + 0.5193}{0.8415}\right)^2\right] + 70.43 \times \exp\left[-\left(\frac{D - 0.9035}{1.002}\right)^2\right]$$

$$\sigma_{\mathrm{fm}} = 110.2 \times \exp\left[-\left(\frac{D - 0.5297}{1.589}\right)^2\right]$$

$$\sigma = -0.0009021D^6 + 0.01025D^5 + 0.05909D^4 - 1.118D^3 + 4.712D^2 - 9.893D + 105.7$$

$$a = 193.2 \times \exp\left[-\left(\frac{D - 0.2007}{0.8655}\right)^2\right] + 107.9 \times \exp\left[-\left(\frac{D - 1.265}{0.6838}\right)^2\right]$$

（2）玻璃化转变温度老化方程：

$$T_{\mathrm{g-1}} = 0.105D^2 - 5.019D + 181.6$$

$$T_{\mathrm{g-2}} = 0.07354D^2 - 4.353D + 184$$

$$T_{\mathrm{g-3}} = 0.03743D^2 - 3.577D + 186.5$$

（3）分子量老化方程：

$$M_{\mathrm{n}} = 3.393 \times \exp\left[-\left(\frac{D + 1.063}{3.393}\right)^2\right] + 5.783 \times \exp\left[-\left(\frac{D + 44.39}{37.05}\right)^2\right]$$

$$M_{\mathrm{w}} = 19.1 \times \exp\left[-\left(\frac{D - 1.199}{0.9306}\right)^2\right] + 8.689 \times \exp\left[-\left(\frac{D - 3.391}{6.719}\right)^2\right]$$

$$M_{\mathrm{p}} = 5.563 \times \exp(-0.6519D) + 3.794 \times \exp(-0.1129D)$$

（4）数均聚合度老化方程：

$$\frac{1}{X_{\mathrm{n}}} = 0.0072 + 0.006D$$

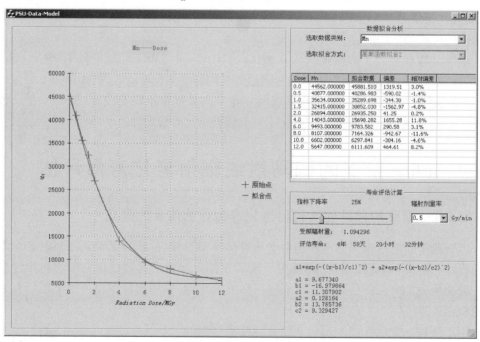

图 4-22　聚砜辐射老化寿命评估程序的界面

上述 11 个参数方程构成了聚砜辐射老化寿命评估的核心数学模型，将它们逐一编写在计算程序中，可作为聚砜材料的寿命评估的依据。寿命评估部分设计为点选性能指标和指标下降率，输入辐射剂量率，则根据老化方程计算出在该辐射剂量率下达到该性能指标下降率的老化时间，即其老化寿命，同时给出老化曲线和受照剂量(MGy)。

4.6.2 聚砜的伽马射线辐射老化寿命的初步评估与剂量率修正计算

根据上面的计算程序对聚砜材料的辐射老化寿命进行了初步评估，评估结果见表 4-6，并根据低剂量率辐射老化对照试验获得了剂量率修正因子，用于对接近真实贮存环境的低剂量率贮存环境下的聚砜材料进行辐射老化寿命修正，结果如表 4-7 所列。

表 4-6 聚砜辐射老化寿命评估结果

剂量率 $\dot{D}$/(Gy/min)	M_n-5% 寿命	M_n-10% 寿命	M_n-20% 寿命	M_n-30% 寿命	M_n-40% 寿命	M_n-50% 寿命
0.01	37 年 275 天	77 年 81 天	162 年 62 天	257 年 23 天	365 年 104 天	492 年 161 天
0.05	7 年 200 天	15 年 162 天	32 年 158 天	51 年 150 天	73 年 21 天	98 年 178 天
0.1	3 年 282 天	7 年 263 天	16 年 79 天	25 年 257 天	36 年 193 天	49 年 89 天
0.5	278 天	1 年 198 天	3 年 88 天	5 年 51 天	7 年 111 天	9 年 309 天
1.0	137 天	281 天	1 年 226 天	2 年 208 天	3 年 238 天	4 年 337 天
10	14 天	28 天	59 天	94 天	133 天	179 天

注：M_n-X% 表示数均分子量下降 X% 的时间(寿命)。

表 4-7 剂量率修正之后的聚砜辐射老化寿命评估结果

剂量率 $\dot{D}$/(Gy/min)	σ_t-50% 寿命①/天	修正的寿命/天
0.01	104167	58334
0.05	20833	11667
0.1	10417	5833
0.5	2083	1167
1	1042	583
10	104	58

注：σ_t-50% 寿命为拉伸强度下降 50% 的时间(寿命)。

对初步评估结果进行剂量率校正计算：

低剂量率环境下辐射老化寿命 = 高剂量率模型计算寿命 × 校正因子 C

校正因子 C 的定义：采用某吸收剂量 D 对应的低剂量率辐照下的强度保留率与高剂量率下的强度保留率的比值。

按下面给出的校正因子 C 分剂量段进行校正计算：

0~0.5 MGy，C = 1.00；
0.5~1.0 MGy，C = 0.72；
1.0~1.5 MGy，C = 0.56。

剂量率修正计算结果:若以其拉伸强度保留率为50%的吸收剂量1.5MGy为其安全剂量上限(更换周期),正好在1.0~1.5MGy,$C=0.56$,计算寿命时,低剂量率辐射下的相应寿命(更换周期)= 高剂量率模型计算的寿命×0.56。评估结果见表4-7。结果表明,在0.01Gy/min 的剂量率下按拉伸强度下降50%计的 PSU 修正寿命为58334 天(约159.8年),0.05Gy/min 下修正寿命为11667 天(约32 年),0.1Gy/min 下修正寿命5833 天(约16 年)。

4.7 小　　结

本章研究了聚砜材料的辐射老化行为,获得了伽马射线辐照下聚砜结构与性能的变化规律,主要结论如下。

(1) 从性能的角度看,聚砜材料的拉伸强度、弯曲强度、冲击强度随吸收剂量的增加不断下降,而压缩强度在较低剂量段基本不变,在高剂量段(10~12MGy)才迅速下降。聚砜的玻璃化温度随着吸收剂量的增加而逐步下降。辐射能将聚砜从韧性材料变为脆性材料,断口表面的光滑程度有随吸收剂量的增加而增大的趋势,并且高剂量的辐射会引发聚砜材料内部微裂纹的产生。

(2) 从化学结构的角度看,聚砜的化学基团在辐照前后基本不变。辐射裂解可能产生了某种生色基团,使原本浅棕色的聚砜试样在辐照后变成了深咖啡色。聚砜的数均分子量和峰值分子量随吸收剂量的增加而不断下降,而重均分子量则是先快速增加,而后快速下降。分子量分布随吸收剂量的增加而变宽了。随着吸收剂量的增加,聚砜表面上的 S2p、O1s、C1s 的结合能基本上保持恒定。而表面上3种元素的原子分数有所波动,可能与辐射降解反应由表层向内部扩展与材料内部 SO_2 从材料内部向表层扩散的过程有关。

(3) 从辐射老化的机理看,在高剂量率辐射下,聚砜在低剂量段辐射下辐射交联反应占优势;在中高剂量辐射下,辐射降解反应占优势。而在低剂量率辐射下,聚砜内部以辐射降解反应为主要机理,没有观察到辐射交联的证据。聚砜材料在化学上的降解为无规降解。

(4) 从剂量率的影响来看,在较高剂量下,低剂量率辐射比高剂量率辐射对聚砜材料有更大的破坏作用。

(5) 在低剂量率辐射下,聚砜老化试样具有较好的尺寸稳定性。

参 考 文 献

[1] WYPYCH G. 材料自然老化手册[M]. 3 版. 马艳秋,王仁辉,刘树华,等译. 北京:中国石化出版社,2004.

[2] BOWMER T N, O'DONNELL J H. Radiation degradation of poly(olefin sulfone)s: a volatile product study[J]. Journal of Macromolecular Science Chemistry A, 1982, 17(2):243-63.

[3] BOWMER T N, O'DONNELL J H, WELLS P R. Radiation degradation of Poly(sulfonyl-alkylene)s: evidence for cationic reaction[J]. Makromol. Chem. ,Rapid Commun. ,1980, 1(1):1-6.

[4] BOWMER T N, BROWN J R, GRESPOS E, et al. Fundamental aspects of the radiation degradation of

polysulfones [C] // IUPAC. Proceeding of IUPAC Macromolecular Symposium 28th. Oxford (UK): International Union of Pure and Application Chemistry,1982:445.

[5] BOWMER T N, BOWDEN M J. The radiation degradation of poly (2-methy-1-pentene sulfone). Radiolysis products[J]. ACS Symposium Series, 1984, 242:153-166.

[6] BOWMER T N, O'DONNELL J H, WELLS P R. Isomerization in olefin formation in radiation degradation of poly(olefin sulfone)s[J]. Polymer Bulletin(Berlin), 1980, 2(2):103-110.

[7] BOWMER T N, O'DONNELL J H. Propagation/depropagation equilibrium and structural factors in the radiation degradation of poly(olefin sulfone)s[J]. Journal of Polymer Science, Polymer Chemistry Edition, 1981, 19(1):45-50.

[8] CHIEN J C W, CHENG Z S. Poly(aryl sulfone imide) as E-beam resist: synthesis and radiolysis[J]. Journal of Polymer Science, Part A: Polymer Chemistry, 1989, 27(3):915-928.

[9] LEWIS D A, O'DONNELL J H, HEDRICK J L, et al. Radiation-resistant amorphous, all-aromatic poly(arylene ether sulfones): Synthesis, physical behavior, and degradation characteristics [J]. ACS Symposium Series (Eff Radiat High-Technol Polym), 1989, 381:252-261.

[10] BRAUN D, ARNOLD N, SCHMIDTKE I. Liquid-crystalline polysulfones. 4. Radiation-induced degradation[J]. Macromolecular Chemistry and Physics, 1994, 195(5):1603-1610.

[11] HILL D J T, LEWIS D A, O'DONNELL J H, et al. Radiation degradation of statistical terpolymers of two aromatic diols with diphenyl sulfone[J].Polymer International, 1992, 28(3):233-237.

[12] 杨强. 聚砜的辐射降解研究进展[J]. 辐射研究与辐射工艺学报,2007,25(3):146-150.

[13] 杨强,孙朝明,毕雅敏. 伽马辐射对聚砜结构与性能的影响[J]. 辐射研究与辐射工艺学报,2008, 26(4):215-223.

[14] 罗世凯. PBX氟聚合物粘接剂的辐射效应研究[D]. 绵阳:中国工程物理研究院,2002.

第 5 章 有机玻璃的伽马射线辐射老化

有机玻璃是用途广泛的一种重要工程材料,其贮存和使用条件涉及高能辐射。因此,对有机玻璃的辐射老化行为进行研究,能为其使用寿命预测和评估提供必要依据,具有重要的现实意义。

5.1 有机玻璃的辐射老化机理研究进展

国内外关于有机玻璃的辐射老化机理的研究进展如下。

有机玻璃(聚甲基丙烯酸甲酯,PMMA)的单元分子式如图 5-1 所示[1]。

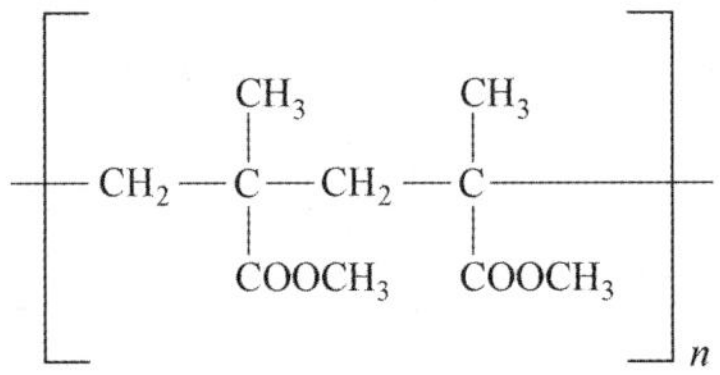

图 5-1 有机玻璃的单元分子式[1]

有机玻璃的化学名称为聚甲基丙烯酸甲酯。有两种过程可引起有机玻璃主链断裂:直接主链断裂和酯侧链断裂。在 300nm 波长光辐射的照射下,可发生直接主链断裂,按下面方程进行,如图 5-2 所示[1]。

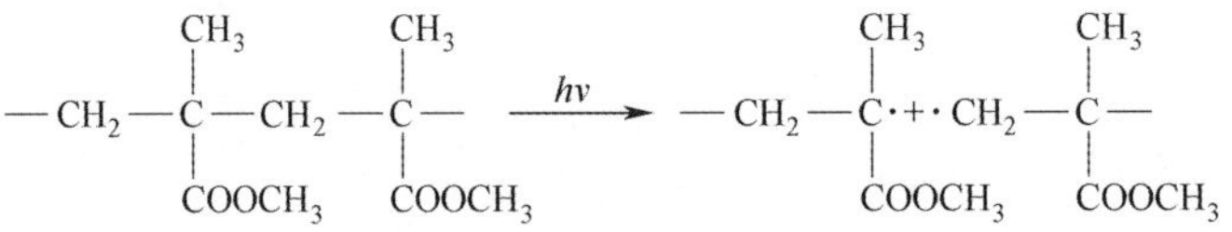

图 5-2 有机玻璃主链在光辐射下引发的断裂[1]

酯侧链断裂分两步进行,如图 5-3 所示[1]。

在第一步中,脱掉酯基形成自由基,该过程需要的能量高于太阳辐射所能提供的能量,该反应需要 260nm 和 280nm 的光辐射,形成自由基后,下一步反应形成不饱和端基和自由基[1]。有机玻璃的紫外−可见光解机理与辐射解机理之间的主要区别在于,可见−紫外光解中分子消去过程同自由基过程相比具有强烈的优势,而在辐射解中这两种过程具有大致相等的贡献,这个不同被解释为光激发了聚合物分子的单线态反应,而辐射解过程中激发的三线态和离子态反应起主要贡献[2]。采用脉冲辐射解方法结合 ESR 谱研究伽马射线辐射下的有机玻璃中形成的不稳定中间体,在 10ns 的电子脉冲下在 725nm 处观察到的吸收的最大值是由有机玻璃的阴离子自由基形成的,而在 425nm 处的吸收的最大值

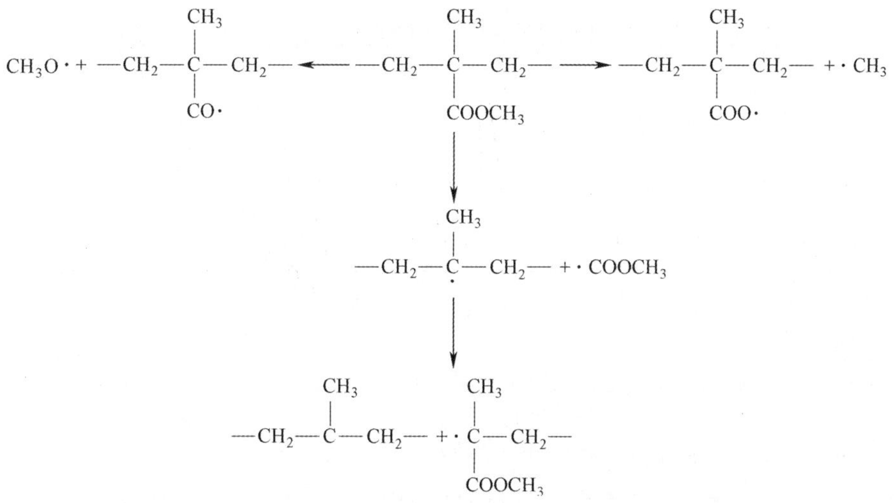

图5-3 有机玻璃酯侧链在光照射下的断裂[1]

是由有机玻璃中作为负离子的平衡离子的阳离子形成的[3]。对在室温下和130K下的纯有机玻璃和掺杂芘的有机玻璃经过脉冲辐射后形成的过渡态物质的光谱进行了测定,发现在脉冲辐射下的有机玻璃-芘体系中,产生了溶质激发态和自由基离子,在130K下在1ms时间范围内直接观察到由芘产生的对负电荷的清除作用[4]。同对块体进行的辐照相比,在高度分散的硅胶上辐照时有机玻璃的辐射降解显著地敏化了,这是由高度分散的硅胶颗粒将吸收的能量向其表面进行的有效转移所决定的[5]。有机玻璃在77K下在伽马射线辐射引发的降解中最初产生的主要自由基种类是主链—CH—、支链上的—$COOCH_2$自由基和—$COOCH_3^-$阴离子自由基,有机玻璃主链断裂的发生是—$COOCH_2$自由基作为前体状态的分子内过程[6]。有机玻璃在伽马射线辐射解中产生的气体(包括CO、CO_2、H_2、CH_4几种气体)来自聚合物表面的辐射解气体的动态释放,这是由聚合物基体中的分子扩散过程所控制的[7]。有机玻璃样品的立构规整性在辐射解过程中没有变化,它们被发现是间规立构的[8]。在空气中,在700~4000cm^{-1}区域测量了未辐照和采用伽马射线进行辐照的有机玻璃的红外光谱,观察到吸收带的吸收随伽马射线辐射剂量的增加而降低,在一定的频率下每个酯基吸收的降低速率相互不同,这个区别表明酯基在分子中位于不同的位置,酯基、甲基和C═O基的吸收的降低是由于形成了CH_4、CO、CO_2气体[9]。在室温下接受了伽马射线辐射的有机玻璃的玻璃化温度以一个较高的速率下降,该速率大于分子量测量结果所预测的速率[10]。10~300kGy剂量的伽马射线辐射对有机玻璃热稳定性具有一定的影响,辐照导致某些侧基断裂,辐照过的聚合物在温度到达软化点前保持了一些甲基丙烯酸酯,辐照后的样品中形成了少量非单体的产物,包括痕量的苯[11]。在接受了伽马射线辐射后的有机玻璃在500nm、400nm和540~560nm处具有最大值的光致发光谱带是分别对应于烷基、烯丙基和聚烯烃的大自由基,在440~460nm范围内的谱带与非自由基辐射解产物有联系,在25~35kGy辐射剂量处观察到最大自由基浓度,当剂量小于30kGy时,烷基大自由基的形成占优势,但烯丙基和聚烯烃大自由基在更高剂量处能够被观察到[12]。

5.2 伽马射线辐射对有机玻璃性能的影响

5.2.1 力学性能

有机玻璃在接受伽马射线辐射时力学性能的变化情况见表5-1。

表5-1 高剂量率(100Gy/min)辐射下有机玻璃老化试样的力学性能变化

D/MGy	0	0.5	1.0	1.5	2.0	4.0	6.0
σ_t/MPa	63.11	0.12	0.51	0	0	0	0

注:有机玻璃在100Gy/min+0.5MGy时测前自然断裂3根,只有1根测了强度,为0.49MPa,取平均值后为0.12MPa;1.0MGy的试样自然断裂1根,测了3根的强度,都在1MPa以下;1.5MGy的试样也全部自然断裂;更高剂量(2.0~6.0MGy)的试样在辐照过程中全部自然断裂成碎片。

由表5-1可见,有机玻璃在吸收剂量为0.5MGy时已经很脆,极易断裂,强度非常低,接近0MPa,而吸收剂量为1.0MGy时的强度与0.5MGy时基本相同,1.5MGy及以上剂量对应的强度全部为0MPa,这表明更高的吸收剂量对有机玻璃构成非常严重的损伤,其对强度的影响已经基本没有差别。文献[13]报道的有机玻璃的严重损伤剂量为2MGy,而在试验中我们发现,从力学性能的角度看,有机玻璃材料在吸收剂量达到0.5MGy时已严重损伤,全部报废。

有机玻璃低剂量辐射老化的力学性能测试结果见图5-4[14]。

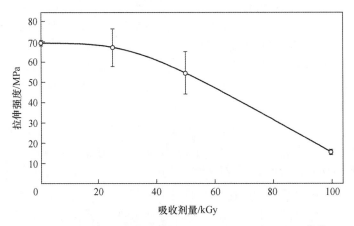

图5-4 有机玻璃低剂量辐射老化的力学性能测试结果[14]

由图5-4(辐射剂量率为62.5Gy/min[14])可见,有机玻璃的拉伸强度随吸收剂量的增加呈不断下降的趋势。当吸收剂量为25kGy时,有机玻璃的拉伸强度只有轻微的下降;当吸收剂量为50kGy时,拉伸强度有明显的下降;在吸收剂量为100kGy时;拉伸强度大幅度下降。

通过对图5-4中数据的曲线拟合,求解拉伸强度的老化方程为

$$\sigma_t = -0.005D^2 - 0.0425D + 70.327, \quad R^2 = 0.9993 \quad (5-1)$$

式中:σ_t为拉伸强度(MPa);D为吸收剂量(kGy)。

5.2.2 结构尺寸

有机玻璃标准拉伸试样经过高剂量率(100Gy/min,空气气氛,室温)辐射老化之后,在离开辐射源时,只有 0.5MGy、1.0MGy 和 1.5MGy 三组试样能够保持外形,具有尺寸可测量性;而 2.0MGy、4.0MGy 两组试样裂为碎片,6.0MGy 组试样熔化黏成一团,均不具备尺寸可测量性。高剂量率辐射老化试样的外观尺寸变化趋势见图 5-5。拉伸试样设计宽度 $b_1 = 20\text{mm}$、$b_2 = 10\text{mm}$、$b_3 = 20\text{mm}$,设计厚度 $d_1 = d_2 = d_3 = 4\text{mm}$,设计长度 $L = 150\text{mm}$。其中 Δb_1、Δb_2、Δb_3 分别为拉伸试样的三个部位的宽度尺寸变化均值,Δd_1、Δd_2、Δd_3 分别为拉伸试样的三个部位的厚度尺寸变化均值,ΔL 为拉伸试样长度尺寸变化均值。

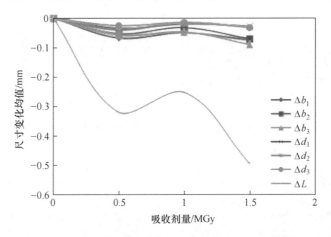

图 5-5　高剂量率辐射下有机玻璃老化试样的结构尺寸变化趋势(见彩插)

低剂量率(5Gy/min)组的有机玻璃试样只有 0.5MGy、1.0MGy 两组试样外形完好,具有可测量性,因此测量了其尺寸,并取其均值与同一个试样的初始尺寸均值进行了对比,取其差值作为低剂量率辐射老化试样的外观尺寸变化均值,其变化趋势如图 5-6 所示。

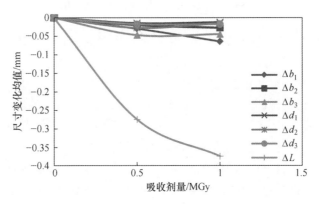

图 5-6　低剂量率辐射下有机玻璃的结构尺寸变化趋势(见彩插)

由图 5-5 可见,经过吸收剂量为 0.5~1.5MGy 的高剂量率(100Gy/min)辐射以后,有机玻璃的外观尺寸均有不同程度的收缩,其中由于试样宽度($b_1 = 20\text{mm}$,$b_2 = 10\text{mm}$,$b_3 = 20\text{mm}$)和试样厚度($d = 4\text{mm}$)数值较小,其变化量也较小,而试样长度($L = 150\text{mm}$)数值较大,其变化量也较大,在有机玻璃试样长度方向上的尺寸有较大的收缩(-0.50mm~-0.25mm)。

由图5-6可见,有机玻璃试样在分别接受了吸收剂量为0.5MGy、1.0MGy的低剂量率(5Gy/min)辐射后,随着吸收剂量的增加,试样的宽度、厚度、长度尺寸均略有收缩,其中长度尺寸的收缩量随吸收剂量的增加而不断增加,最大收缩量达到了-0.38mm/150mm(出现在1.0MGy处)。

5.2.3 外观形貌

(1)在低剂量率(5Gy/min+0.5~1.5MGy)辐射下,有机玻璃试样的外观形貌变化情况如图5-7所示。

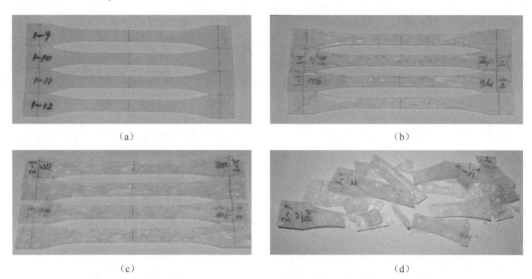

图5-7 低剂量率(5Gy/min)辐射下有机玻璃老化试样的外观形貌(见彩插)
(a)0MGy;(b)0.5MGy;(c)1.0MGy;(d)1.5MGy。

由图5-7(a)和图5-7(b)的对比可见,低剂量率(5Gy/min)+吸收剂量0.5MGy的辐射老化使有机玻璃试样内部产生了很多的裂纹,其颜色从无色透明变为略微发黄,这表明有机玻璃耐低剂量率辐射老化性能较差。

由图5-7(c)可见,低剂量率(5Gy/min)+吸收剂量1.0MGy的辐射老化使有机玻璃试样产生了比在5Gy/min+0.5MGy下辐照的有机玻璃试样的更深的黄色度,同时裂纹数量也明显增多,这表明有机玻璃耐低剂量率辐射老化性能较差。

由图5-7(d)可见,PMMA试样在低剂量率(5Gy/min)辐射下吸收剂量达到1.5MGy时,从源板上取下并打开包装膜时,已全部裂为碎片,无法保持外形,这表明有机玻璃耐低剂量率辐射老化性能较差。

(2)在高剂量率(100Gy/min+0.5~6.0MGy)辐射下,有机玻璃试样外观形貌的变化情况如图5-8所示。

由图5-8可见,在有机玻璃的高剂量率(100Gy/min)辐射老化(吸收剂量范围为0.5~6.0MGy)过程中,当吸收剂量为0.5MGy时,试样内部有少量的裂纹;当吸收剂量为

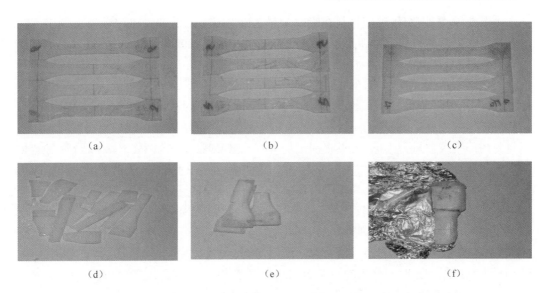

图 5-8　高剂量率(100Gy/min)辐射下有机玻璃老化试样的外观形貌(见彩插)
(a)0.5MGy；(b)1.0MGy；(c)1.5MGy；(d)2.0MGy；(e)4.0MGy；(f)6.0MGy。

1.0MGy 时，试样内部有较多的裂纹；当吸收剂量为 1.5MGy 时，试样虽仍能保持外形，但其内部已变成了类似豆腐渣的结构，而且颜色从无色透明变为浅黄色不透明；当吸收剂量为 2.0MGy 时，试样在辐照过程中已裂为数段，颜色为浅黄色不透明；当吸收剂量为 4.0MGy 时，试样在辐照过程中已裂为数段，颜色为黄色不透明，同 2.0MGy 的试样相比，颜色加深了一些；当吸收剂量为 6.0MGy 时，试样在从辐射源上取下来时已粘成了一团，无法分开，并且其外部看上去为圆弧形，有部分熔化的迹象，其颜色为纯黄色不透明，其黄色度比 4.0MGy 的试样颜色更深。可能在辐照过程中同时存在升温过程、辐射降解和氧化降解反应。

5.2.4　损伤程度

有机玻璃高剂量率辐射老化试样与低剂量率辐射老化试样的损伤程度对比见图 5-9。

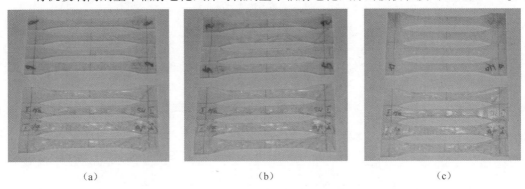

图 5-9　高、低剂量率辐射下有机玻璃老化试样外观形貌的对比(见彩插)
上面 4 个试样：在 100Gy/min 辐照下，吸收剂量分别为(a)0.5MGy、(b)1.0MGy、(c)1.5MGy。
下面 4 个试样：在 5Gy/min 辐照下，吸收剂量为 0.5MGy。图中试样上的亮条纹均为裂纹。

由图 5-9 可见,有机玻璃材料在吸收剂量为 0.5MGy 的低剂量率(5Gy/min 左右)辐射老化试样内部的裂纹数量超过了 1.0MGy 的高剂量率(100Gy/min 左右)辐射老化试样的裂纹数量,但其损伤效果不及 1.5MGy 的高剂量率(100Gy/min)辐射老化试样那样严重。因此可以断定,0.5MGy 的低剂量率辐射老化对有机玻璃材料的损伤程度介于 1.0MGy 和 1.5MGy 的高剂量率辐射老化程度之间,即低剂量率的长期辐射老化对 PMMA 材料的损伤程度要远大于同等吸收剂量的高剂量率的短期辐射所造成的损伤程度。如果以材料内部裂纹数量为指标,当吸收剂量均为 0.5MGy 时,低剂量率(5Gy/min)辐射老化的损伤程度为高剂量率(100Gy/min)辐射老化损伤程度的 2 倍以上、3 倍以下。其原因可能是低剂量率辐射时间很长,其辐射损伤效应有可能是辐射损伤、环境热氧老化、潮湿环境的水解老化等几种机理的综合效应,同时其辐照过程中还可能伴随着一定的升温反应及对应的氧化反应加剧。低剂量率辐射损伤机理与高剂量率辐射损伤机理应该是有差别的,因为高剂量率辐射可能伴随显著的升温反应,此种效应加剧了材料的热氧老化,而在低剂量率辐射过程长时间累积的热氧老化及水解老化效应可能要占较大的比例。这种差别的量化评判,可通过高低剂量率下强度保留率的比例来确定。

5.2.5 分子量及其分布

高、低剂量率辐射对有机玻璃老化试样的分子量及其分布的影响见图 5-10、图 5-11 和表 5-2、表 5-3。

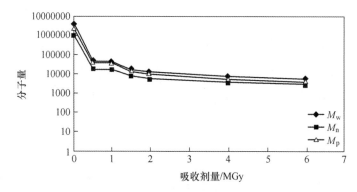

图 5-10 高剂量率辐射下有机玻璃老化试样的分子量

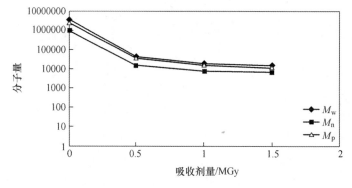

图 5-11 低剂量率辐射下有机玻璃老化试样的分子量

表 5-2　高剂量率辐射下有机玻璃老化试样的分子量及其分布指数

D/MGy	M_w	M_n	M_p	PDI
0	3454188	1047103	2562521	3.3
0.5	44523	17655	38899	2.52
1.0	42929	16459	38661	2.61
1.5	17055	8061	13976	2.12
2.0	12812	6028	10468	2.13
4.0	7387	4092	5525	1.81
6.0	5464	2989	3955	1.83

表 5-3　低剂量率辐射下有机玻璃老化试样的分子量及其分布指数

D/MGy	M_w	M_n	M_p	PDI
0	3454188	1047103	2562521	3.3
0.5	43332	16510	37985	2.62
1	19675	8580	16730	2.29
1.5	15074	7490	12393	2.01

由图 5-10 可见，有机玻璃材料在高剂量率(100Gy/min)辐射老化中，分子量随吸收剂量的增加而不断下降，当吸收剂量达到 0.5MGy 时，有机玻璃的分子量降低了 2 个数量级，其后随着吸收剂量的进一步增加，其分子量继续缓慢降低。分子量的急剧降低发生在 0~0.5MGy，其分子量急剧降低(降低至 1/78)，随后是缓慢降低，从分子量的角度看，有机玻璃在 100Gy/min+0.5MGy 的辐射下已严重降解，可判定为失效。可见，高剂量率辐射能迅速降低有机玻璃的分子量，在 0~6MGy 范围内辐射降解机理为主要的老化机理。

由图 5-11 可见，有机玻璃在低剂量率(5Gy/min)辐射老化中，分子量也随吸收剂量的增加而不断下降，当吸收剂量达到 0.5MGy 时，有机玻璃的分子量降低了 2 个数量级，其后随着吸收剂量的进一步增加，其分子量继续缓慢降低。分子量的急剧降低发生在 0~0.5MGy，分子量急剧降低(降低至 1/80)，随后是缓慢降低，从分子量的角度看，有机玻璃在 5Gy/min+0.5MGy 的辐射下已严重降解，可判定为失效。由此可见，低剂量率辐射能迅速降低有机玻璃的分子量，在 0~1.5MGy 范围内辐射降解机理为主要的老化机理。

由表 5-2 和表 5-3 的对比可见，在同等吸收剂量处，低剂量率辐射老化试样的分子量比高剂量率辐射老化试样的分子量低，尤其在 1MGy 处要低 1/2，这表明在同等吸收剂量处，低剂量率辐射对有机玻璃的损伤程度比高剂量率辐射更大。另外，分子量分布指数在高剂量率辐射老化和低剂量率辐射老化中均在不断下降，表明有机玻璃大分子在辐射中均随吸收剂量的增加而迅速降解变小，使分子量分布变得更窄。

5.2.6　数均聚合度

数均聚合度计算(单体分子量为 200)结果见表 5-4 和表 5-5。

表 5-4 高剂量率辐射下有机玻璃老化试样的数均聚合度(X_n)及其保留率(X'_n)

D/MGy	M_n	X_n	X'_n/%
0	1047103	5236	100
0.5	17655	88	1.7
1	16459	82	1.6
1.5	8061	40	0.8
2	6028	30	0.6
4	4092	20	0.4
6	2989	15	0.3

表 5-5 低剂量率辐射下有机玻璃老化试样的数均聚合度(X_n)及其保留率(X'_n)

D/MGy	M_n	X_n	X'_n/%
0	1047103	5236	100
0.5	16510	83	1.6
1	8580	43	0.8
1.5	7490	37	0.7

由表 5-4 和表 5-5 可见,随着吸收剂量的增加,有机玻璃老化试样在高、低剂量率辐射下的数均聚合度迅速下降,一个突变发生在 0.5MGy 处,数据聚合度下降了近 2 个数量级,表明材料的降解已基本完成;随后数均聚合度随剂量增加逐步下降,表明材料仍在继续降解。在 0.5MGy 和 1.5MGy 吸收剂量处,高剂量率辐射老化试样的数均聚合度略高于低剂量率辐射老化试样的值,表明低剂量率辐射对有机玻璃的损伤程度略大于高剂量率辐射的情况。在 1.0MGy 吸收剂量处,高剂量率辐射老化试样的数均聚合度是低剂量率辐射老化试样的一倍。这表明在 1.0MGy 吸收剂量处,低剂量率辐射老化对有机玻璃有更大的损伤程度。

5.3　伽马射线辐射降解动力学

在文献[15]中,罗世凯推导了聚合物辐射降解的无规降解动力学方程:

$$\frac{1}{X_n} = A_1 + K_c D \tag{5-2}$$

式中:X_n 为数均聚合度;A_1 为常数;K_c 为辐射降解速率常数(MGy^{-1});D 为吸收剂量(MGy)。

按照 $X_n = M_n/W$(W 为有机玻璃的单体分子量,数值为 200),计算出各吸收剂量对应的数均聚合度,并计算出 $1/X_n$,如图 5-12 所示。

由图 5-12 可见,将有机玻璃的数均聚合度的倒数 $1/X_n$ 对吸收剂量 D 作图,经线性拟合得到一条直线,这表明有机玻璃在高剂量率辐射下的辐射降解机理类型是无规降解,其数均聚合度的方程(无规降解动力学方程)如下:

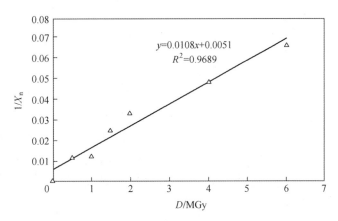

图 5-12 有机玻璃辐射老化试样的 $1/X_n$-D 关系

$$\frac{1}{X_n} = 0.0108D + 0.0051, \quad R^2 = 0.9689 \tag{5-3}$$

其中,K_c = 0.0108 为有机玻璃的辐射降解速率常数。

5.4 高、低剂量率伽马射线辐射对有机玻璃力学性能的影响的对比

高、低剂量率辐射对有机玻璃力学性能的影响的对比见表 5-6。

表 5-6 高、低剂量率辐射对有机玻璃力学性能的影响的对比

剂量率 /(Gy/min)	拉伸强度/MPa				强度保留率/%		
	0MGy	0.5MGy	1MGy	1.5MGy	0.5MGy	1MGy	1.5MGy
5	63.11	0.57	0	0	0.91	0	0
100	63.11	0.12	0.51	0	0.19	0.81	0

从表 5-6 可见,在高剂量率(100Gy/min 左右)辐射和低剂量率(5Gy/min 左右)辐射下,当吸收剂量为 0.5MGy、1.0MGy、1.5MGy 时,有机玻璃在高低剂量率下的拉伸强度数据基本上是一致的,强度保留率也基本上是一致的。这表明在 0.5~1.5MGy 吸收剂量处辐射剂量率的高低对有机玻璃的强度和强度保留率的影响程度基本上是一致的。

5.5 有机玻璃材料伽马射线辐射老化寿命评估

有机玻璃辐射老化寿命评估的主要思路是采用高剂量率辐射加速老化试验数据和所获得的材料的性能变化的拟合方程,建立一组用于表征材料性能的辐射老化方程组,并以其为核心编制寿命评估程序,根据产品真实环境的辐射剂量率和材料工程上的失效判据,进行材料在辐射环境中有效使用寿命的初步评估计算。较为精确的寿命评估尚需考虑辐射剂量率的影响,采用剂量率校正因子按剂量段进行有效寿命的校正计算。

有机玻璃的高剂量率下的辐射老化方程组如下。

(1) 拉伸强度老化方程：
$$\sigma_t = -0.005D^2 - 0.0425D + 70.327$$
(2) 数均聚合度老化方程：
$$\frac{1}{X_n} = 0.0108D + 0.0051$$

根据图 5-4，当有机玻璃拉伸强度下降 50% 时，其吸收剂量为 76kGy，此剂量即有机玻璃的安全剂量上限，可用此数据和真实环境中的辐射剂量率对有机玻璃在辐射环境中有效使用寿命进行初步的评估计算，见表 5-7。计算结果表明，在 0.01Gy/min 的剂量率下，有机玻璃按拉伸强度下降 50% 计的寿命评估结果为 5278 天(约为 14.5 年)，在 0.1Gy/min 剂量率下的寿命为 528 天(约为 1.45 年)。

表 5-7 有机玻璃辐射老化寿命评估的初步结果

剂量率/(Gy/min)	σ_t-50%寿命/天
0.01	5278
0.1	528
1	52.8
10	5.3

注：σ_t-50%寿命为拉伸强度下降 50% 的时间(寿命)。

5.6 小　　结

通过对有机玻璃的辐射老化行为的研究，获得了有机玻璃的部分辐射老化规律，归纳如下。

(1) 在低剂量率辐射(5Gy/min+0.5MGy)下，有机玻璃材料内部产生了很多的裂纹，拉伸强度接近 0，分子量下降了 2 个数量级，已彻底损坏。在更高吸收剂量(1MGy 和 1.5MGy)下，有机玻璃材料的损伤程度更大，拉伸强度接近 0，分子量继续下降。

(2) 在高剂量率辐射(100Gy/min+0.5~6.0MGy)下，有机玻璃试样内部从出现少量的裂纹(0.5MGy)到较多裂纹(1.0MGy)、豆腐渣结构(1.5MGy)再到裂为碎片(2MGy、4MGy)和黏成一团(6MGy)，力学性能在 0.5MGy 时已接近 0，其后力学性能基本上没有变化，而分子量和数均聚合度在 0.5MGy 时下降了近 2 个数量级，而后分子量和数均聚合度随吸收剂量的增加继续下降。

(3) 以材料内部裂纹数量为指标，当吸收剂量均为 0.5MGy 时，低剂量率(5Gy/min)辐射老化的损伤程度为高剂量率(100Gy/min)辐射老化损伤程度的 2 倍以上、3 倍以下。在同等吸收剂量处，低剂量率辐射老化试样的分子量比高剂量率辐射老化试样的低，尤其在 1MGy 处要低一半多，这表明在同等吸收剂量处，低剂量率辐射对有机玻璃的损伤程度比高剂量率辐射更大。

(4) 高剂量率辐射以后，有机玻璃的外观尺寸均有不同程度的收缩，其宽度和厚度尺寸变化量较小，而长度尺寸有较大的收缩(-0.50~-0.25mm)。有机玻璃试样在经过了吸收剂量为 0.5~1.0MGy 的低剂量率(5Gy/min)辐射后，宽度和厚度尺寸只有轻微的变化(最大值-0.07mm)，长度尺寸有较大的收缩(最大值-0.38mm)，且其收缩量随吸收剂量的增加而增加。

（5）有机玻璃辐射降解属于无规降解类型。数均聚合度变化趋势表明有机玻璃在 0~6.0MGy 剂量内辐射降解机理占优势。有机玻璃属于线性高分子，主链上没有苯环分散辐射能，因此抗辐射老化性能较差，以其强度保留率为 50% 所确定的辐射安全剂量上限为 76kGy。

参 考 文 献

[1] WYPYCH G. 材料自然老化手册[M]. 3 版. 马艳秋,王仁辉,刘树华,等译. 北京:中国石化出版社,2004.

[2] SKURAT V E, DOROFEEV Y I. The transformations of organic polymers during illumination by 147.0 and 123.6 nm light[J]. Angew Makromolecular Chemistry, 1994, 216:205-24.

[3] TABATA M, SOHMA J, WASHIO H, et al. A pulse radiolysis and ESR study of ionic species in irradiated poly(methyl methacrylate)[J]. Proceeding Tihany Symposium Radiation Chemistry, 1987, 6(2):497-501.

[4] SZADKOWSKA-NICZE M, KISZKA M, MAYER J. Transient species in pulse-irradiated poly(methyl methacrylate) pure and doped with pyrene[J]. Journal of Polymer Science, Part A: Polymer Chemistry, 1997, 35(2):299-305.

[5] BRUK M A, ISAEVA G G, YUNITSKAYA E Y, et al. Radiolysis of polymers on the surfaces of solids: poly(methyl methacrylate) and poly(methyl acrylate) on aerosol[J]. Radiation Physics and Chemistry, 1986, 27(2):79-82.

[6] ICHIKAWA T, YOSHIDA H. Mechanism of radiation-induced degradation of poly(methyl methacrylate) as studied by ESR and electron spin echo methods[J]. Journal of Polymer Science, Part A: Polymer Chemistry, 1990, 28(5):1185-1196.

[7] CHANG Z, LA VERNE J A. The gases produced in gamma and heavy-ion radiolysis of poly(methyl methacrylate)[J]. Radiation Physics and Chemistry, 2001, 62(1):19-24.

[8] SAYYAH S M, EL-SHAFIEY Z A, BARSOUM B, et al. Infrared spectroscopic studies of poly(methyl methacrylate) doped with a new sulfur-containing ligand and its cobalt (Ⅱ) complex during g-radiolysis[J]. Journal of Applied Polymer Science, 2004, 91(3):1937-1950.

[9] EL-AGRAMI A A, SHABAKA A A. Effect of gamma radiation on the IR-spectra of poly(methyl methacrylate)[J]. Isotopenpraxis, 1990, 26(5):231-233.

[10] THOMINETTE F, PABIOT J, VERDU J. Effect of radiolysis on the glass transition temperature of poly(methyl methacrylate)[J]. Macromolecular Chemistry, Macromolecular Symposia, 1989, 27:255-267.

[11] RAUF M A, MCNEILL I C. Thermal degradation of g-irradiated polymers. 1. Poly(methyl methacrylate)[J]. Polymer Degradation and Stability, 1993, 40(2):263-266.

[12] TARABAN V B, SMOLYANSKII A S, SHELUKHOV I P, et al. Spectral-luminescence properties of irradiated poly(methyl metacrylate)[J]. Khim Vys Energ, 1993, 27(3):67-71 (Russian).

[13] 张志成,葛学武,张曼维. 高分子辐射化学[M]. 合肥:中国科技大学出版社,2000.

[14] SOUSA A R, ARAUJO E S, CARVALHO A L, et al. The stress cracking behaviour of poly(methyl methacrylate) after exposure to gamma radiation[J]. Polymer Degradation and Stability, 2007, 92:1465-1475.

[15] 罗世凯. PBX 氟聚合物粘接剂的辐射效应研究[D]. 绵阳:中国工程物理研究院,2002.

第6章 聚碳酸酯、聚砜和有机玻璃的贮存老化性能

聚碳酸酯、聚砜和有机玻璃是用途广泛的三种重要工程材料,其贮存和使用条件涉及温度、湿度和应力等环境条件。因此,对聚碳酸酯(PC)、聚砜(PSU)和有机玻璃(PMMA)的贮存老化行为进行研究,能为其使用寿命预测和评估提供必要依据,具有重要的现实意义。

6.1 聚碳酸酯、聚砜和有机玻璃的老化研究进展

聚碳酸酯、聚砜、有机玻璃的老化研究现状如下。

1. 聚碳酸酯

聚碳酸酯老化方面的近期主要工作及进展包括:对聚碳酸酯进行了90~120℃环境下的热氧老化,发现PC的热氧降解过程以热诱导氧化降解反应为主,降解反应引起端基、侧基从主链断裂脱落,导致内部缺陷,力学性能随之下降[1];在聚碳酸酯的热氧老化特征与断口形貌表征中,发现聚碳酸酯经120℃、130℃、140℃温度热氧老化后,强度和伸长率均随温度的升高而下降[2];对聚碳酸酯材料在三种高低温交变环境中的结构、性能变化的研究结果表明,在30个温度循环周期内,在设计的三种温度交变环境中聚碳酸酯主要发生了物理老化[3];对双酚A聚碳酸酯(BPA-PC)板材在140℃的高温下用蓝光最多照射了1920h,结果表明,曝光时间的增加导致了BPA-PC板的褪色、光学性能的损失、透光率的降低、相对辐射功率值的降低和黄色指数(YI)的降低[4];对聚碳酸酯进行了光老化并评价了光辐射对材料力学性能的影响,提出了一个包含交联反应路径的新的光-氧化机理(图6-1)[5];研究了中国西部地区老化中的聚碳酸酯的结构与性能的变化规律,结果表明,老化的聚碳酸酯经历了降解和交联,其中降解发生在老化的早期阶段,而交联在老化的后期占支配性地位[6];对三种湿热条件下老化后的聚碳酸酯共混物(PC/ABS)进行了FTIR分析,主要关注了其中羰基和羟基的吸收峰的变化情况,结果发现,块体水分扩散引起的变化是可逆的[7]。

2. 聚砜

聚砜老化方面的近期主要工作及进展包括:对次氯酸盐老化下聚砜复合物与纳米复合物薄膜的行为进行的研究发现,在老化后所有的薄膜都表现为脆性,这在复合物薄膜中表现得更为显著,这主要是由薄膜缺陷造成的[8];对次氯酸钠老化对聚砜超滤膜的影响的研究发现,在老化过程中聚砜薄膜的过滤效能和保留能力有所下降,而筛分能力有所增加[9];对接触次氯酸钠和商业氧化剂的聚砜超滤膜的老化行为的研究发现,次氯酸钠对薄膜的宏观和微观性能的损伤远比P3-Oxysan ZS等其他氧化剂更严重[10];对聚砜超滤膜在饮用水生产中接触次氯酸钠或配方清洁剂后的老化效应的研究表明,在次氯酸钠下

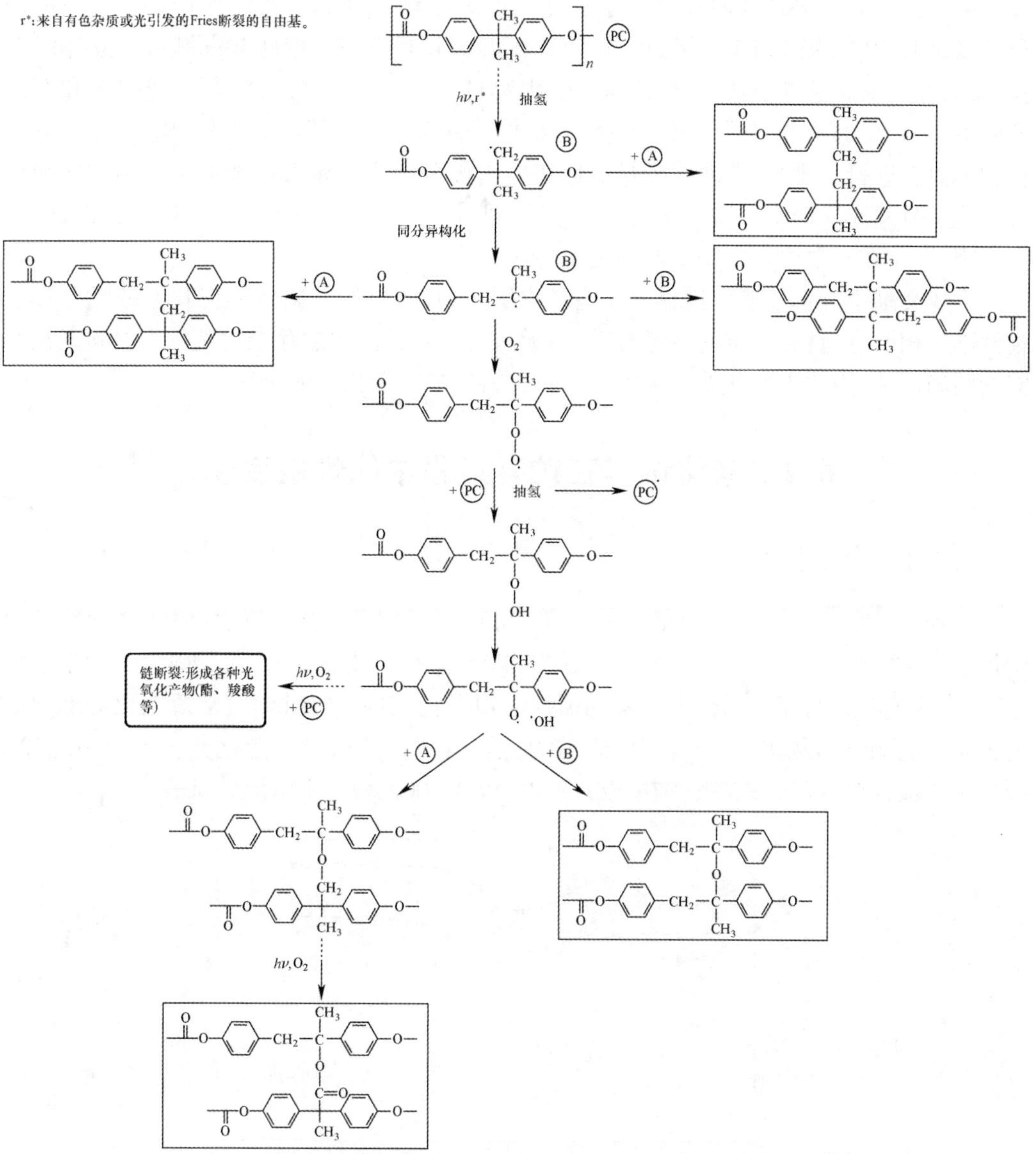

图 6-1 包括交联反应的聚碳酸酯光-氧化机理[5]

暴露较长时间对薄膜带来了最为严重的老化性能退化[11];采用热重分析和温度调制 DSC 表征聚砜和磺化聚砜(SPSU)的热行为、物理老化和非晶态相动力学,结果发现,在物理老化过程后,磺化导致焓恢复动力学减慢[12];采用 GPC、溶胶-凝胶法分析、玻璃化转变温度测量和流变学测量,显微镜氧化轮廓测量以及 FTIR-ATR 分析,对经过伽马射线剂量率为 24kGy/h 和总剂量最高为 30.7MGy 的聚砜的辐射化学降解进行研究,结果发现,薄试样主要经历了链断裂,而厚试样主要经历了链交联[13]。

3. 有机玻璃

有机玻璃老化方面的近期主要工作及进展包括:对火焰阻燃 PLA/PMMA 共混物在 70℃的水中浸泡老化时有机玻璃的保护效应进行了评估,结果表明,当有机玻璃的结合允许共混物中的玻璃化温度增加到高于老化温度时才能观察到有效的保护效应[14];用高分子量聚 L-丙交酯(PLLA)、聚 D-丙交酯(PDLA)和有机玻璃熔融共混制备了立体络合物 PLA,在光氧化条件下对 PLA/PMMA 共混物进行了 UV 辐射,结果表明,PDLA 和有机玻璃不影响 PLLA 的光氧化速率[15];对有机玻璃骨水泥在生理温度下在等渗流体中的老化和吸湿性进行了研究,发现分子量变化和水的塑性化效应导致了骨水泥力学性能和疲劳性能随时间而降低[16];采用氧等离子体处理对有机玻璃的表面改性和老化行为的研究发现,样品在水中比在空气中要老化得稍快一些[17]。

上述文献中进行了三种材料的一些老化研究,其老化的试验条件与我们的贮存环境条件不尽相同,虽具有一定的参考意义,但无法用于对我们的贮存老化条件下材料老化性能的精确评估,因此需要开展本章中的三种材料的贮存老化性能研究。

6.2 老化试样在贮存过程中的性能变化

6.2.1 力学性能

三种有机高分子材料老化试样的温度(40℃)老化、湿热(40℃ 90%RH)老化后的力学性能变化趋势如图 6-2 和图 6-3 所示(PMMA 为有机玻璃、PSU 为聚砜、PC 为聚碳酸酯)。三种有机高分子材料老化试样的模拟应力老化、热氧老化试验、常规老化等老化后的力学性能测试结果如图 6-4~图 6-10 所示。其中,模拟应力老化分为 S-1 级(32N 级)、S-2 级(65N 级)、S-3 级(97N 级)、370N 级和 200N 级五个等级的试验。

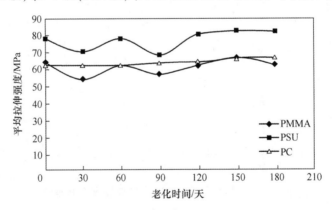

图 6-2 温度老化试样的平均拉伸强度

由图 6-2 可见,聚碳酸酯、聚砜和有机玻璃材料耐温度(40℃)老化性能良好,在 40℃的热老化环境下贮存 180 天后,平均拉伸强度有所波动,基本上没有下降。

由图 6-3 可见,聚碳酸酯、聚砜材料的耐湿热(40℃,90%RH)老化性能良好,在 40℃和 90%RH 的湿热环境下贮存 180 天后,平均拉伸强度有所波动,聚碳酸酯、聚砜的强度基本上没有下降。有机玻璃的平均拉伸强度仅有轻微的下降。

由图 6-4~图 6-6 可见,有机玻璃、聚碳酸酯和聚砜试样在 S-1 级(32N 级)贮存 30天、60 天后,S-2 级(65N 级)和 S-3 级(97N 级)系列模拟应力老化试验中贮存 30~180天之后,除有机玻璃平均拉伸强度略有下降外,聚碳酸酯和聚砜的强度有轻微的波动但基

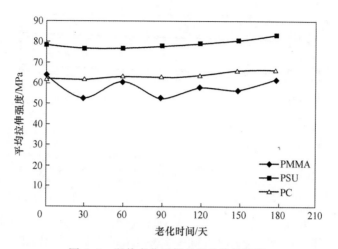

图 6-3　湿热老化试样的平均拉伸强度

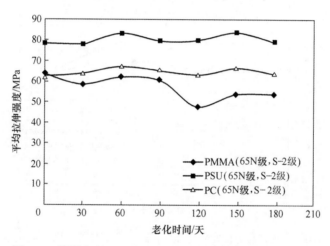

图 6-4　模拟应力(65N 级,S-2 级)老化试样的平均拉伸强度

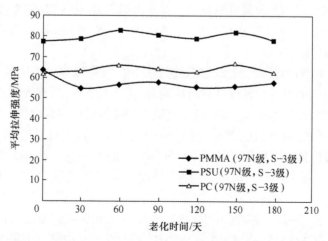

图 6-5　模拟应力(97N 级,S-3 级)老化试样的平均拉伸强度

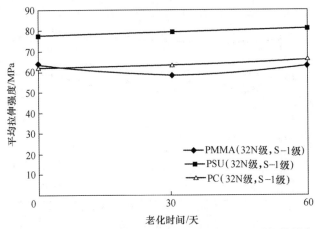

图 6-6 模拟应力(32N级,S-1级)老化试样的平均拉伸强度

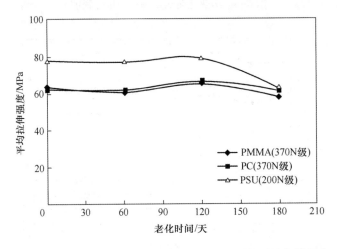

图 6-7 模拟应力(370N级、200N级)老化试样的平均拉伸强度

本不变。这表明聚碳酸酯、聚砜材料在180天的模拟应力(65N级、97N级)加载下力学性能稳定性良好,有机玻璃材料在模拟应力(65N级、97N级)加载下的力学性能稳定性略差。

由图 6-7 可见,有机玻璃、聚碳酸酯试样在370N级模拟应力老化试验中贮存180天的过程中,两种材料的平均拉伸强度均有所波动,先略有下降,后有所增加,之后又略有下降,最后聚碳酸酯强度基本不变,而有机玻璃最后的拉伸强度有轻微的下降。这表明聚碳酸酯材料在180天的370N级模拟应力加载下力学性能稳定性较好,而有机玻璃材料在180天的370N级模拟应力加载下的力学性能稳定性略差一些。聚砜试样在200N级模拟应力老化试验中贮存120天以内,平均拉伸强度基本不变;贮存120~180天,强度明显下降。

由图 6-8 可见,在第一轮试验中,有机玻璃在74℃和聚碳酸酯在120℃下老化120天的平均拉伸强度随老化时间的增加先有所增,而后在波动中略有下降,但在老化时间为120天时的有机玻璃强度值比初始值略低,而聚碳酸酯的强度值在0~120天始终比其初

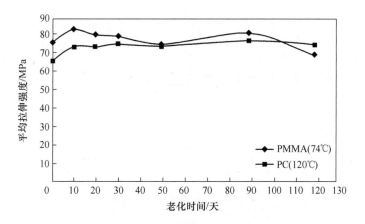

图 6-8 热氧老化试样(第 1 轮试验)的平均拉伸强度

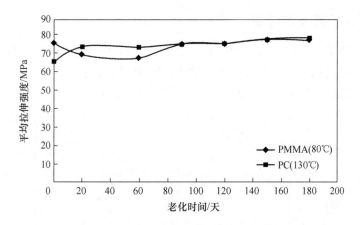

图 6-9 热氧老化试样(第 2 轮试验)的平均拉伸强度

始值略高。强度增加的原因可能是材料内部的热交联机理占优势。

由图 6-9 可见,在第二轮试验中,有机玻璃在 80℃下老化 0~60 天时,平均拉伸强度随老化时间的增加逐渐下降,但到 90 天时,强度又基本恢复了,随后又略有增加,可能属于试样强度的正常波动。而聚碳酸酯在 130℃下老化 180 天时,平均拉伸强度略有增加。强度增加的原因可能是材料内部的热交联机理占优势。

根据化学反应速度的阿累尼乌斯公式,温度每上升 10℃,化学反应(热氧老化)速度增加 1 倍,则在 80℃下有机玻璃在 180 天的热氧老化中拉伸强度基本保持不变,等效于在 20℃干燥环境下热氧老化 $0.5 \times 2^{(80-20)/10} = 32$ 年内拉伸强度保持不变,即在 20℃干燥环境下有机玻璃的贮存寿命至少 32 年。而在 130℃下聚碳酸酯在 180 天的热氧老化中拉伸强度基本保持不变,等效于在 20℃干燥环境下热氧老化 $0.5 \times 2^{(130-20)/10} = 1024$ 年内拉伸强度保持不变,即在 20℃干燥环境下聚碳酸酯的贮存寿命有 1024 年(理论上)。

由图 6-10 可见,在 900 天的常规贮存老化试验中,有机玻璃试样的平均拉伸强度略有下降,聚砜和聚碳酸酯试样的平均拉伸强度基本不变。有机玻璃、聚碳酸酯和聚砜三种材料在 900 天的常规贮存中力学性能稳定性良好。

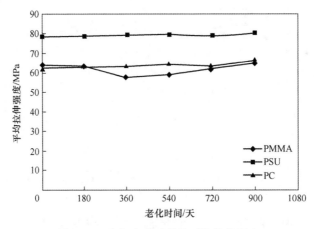

图 6-10 常规老化试样的平均拉伸强度

6.2.2 分子量及其分布

聚碳酸酯、聚砜和有机玻璃三种材料的温度老化、湿热老化试验、模拟应力老化、常规老化试验中三种材料的分子量(M_n 为数均分子量，M_w 为重均分子量，M_p 为峰值分子量）及分子量分布指数 PDI＝M_w/M_n，如图 6-11~图 6-27 所示。

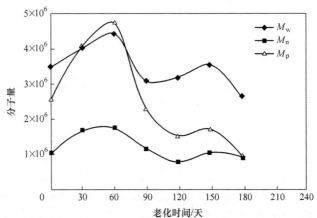

图 6-11 温度老化的有机玻璃试样的分子量

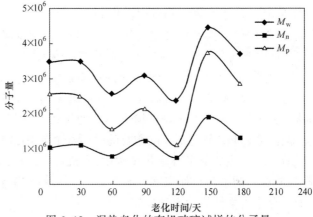

图 6-12 湿热老化的有机玻璃试样的分子量

由图6-11可见,有机玻璃试样在180天的温度老化中,数均分子量、重均分子量和峰值分子量均是先有所增加,然后再波动中有所降低。总体趋势是,经过180天温度老化后,有机玻璃的重均分子量和峰值分子量略有降低,而数均分子量有所波动但基本不变。分子量的升高可能对应于热老化过程中材料内部的热交联反应,而分子量的降低则对应于材料降解过程中主链的断裂反应。从机理分析,热对材料有两种作用:一是促进材料内部分子链之间的热交联;二是导致材料内部分子链的断裂。前者可导致材料强度、分子量等指标的增加,而后者可导致材料强度、分子量等指标的降低。在图6-11中,热对有机玻璃的交联反应主要在30~60天热老化期间占优势,而降解反应在90~180天热老化期间占优势;相对而言,重均分子量对热老化更敏感,其变化较数均分子量更多一些。

由图6-12可见,有机玻璃试样在180天的湿热老化中,数均分子量、重均分子量和峰值分子量有所波动,先基本不变,之后有所下降,之后又略有上升,最后下降。总体趋势是,经过180天的湿热老化后,有机玻璃的分子量基本上不变。从机理分析,湿度可导致水分子进入材料内部,并插入分子链之间导致材料内部分子链的松散、材料分子链上某些易水解基团的水解、分子链与分子链之间极性基团之间氢键的形成、材料溶胀和外观尺寸上的变化。材料分子链的水解可导致材料强度、分子量等指标的下降,而氢键的形成可抵消一部分强度的下降,但从总的作用来看,湿度的不利作用占优势。在图6-12中,有机玻璃材料在30~120天的湿热老化期间,分子量在波动中逐渐下降,表明有机玻璃内部降解反应占优势,而在150~180天的分子量又升得较高,可能同材料内部的交联反应占优势有关。

由图6-13可见,聚砜材料在为期180天的温度老化中,数均分子量基本保持不变,而重均分子量和峰值分子量先有所增加,而后在波动中有所下降。其重均分子量的增加可能与聚砜材料在热老化中的交联反应有关,而分子量的下降则可能与热老化过程中主链的断裂(热降解反应)有关。在图6-13中,聚砜内部的热交联反应在30天热老化期间占优势,在60~90天热老化期间降解反应占优势,120~180天热老化期间分子量基本上不变。这表明材料内部或者没有进一步的交联和降解发生或者交联与降解达到平衡。从分子量的角度看,聚砜材料有较好的抗热老化的能力。

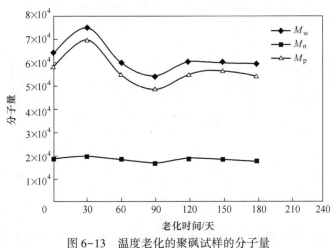

图6-13 温度老化的聚砜试样的分子量

由图6-14可见,聚砜材料在为期180天的湿热老化中,数均分子量基本上不变,而重均分子量与峰值分子量则在波动中先有所增加,而后略有降低。其重均分子量的增加可能与聚砜材料在湿热老化中的热交联反应有关,而分子量的下降则可能与湿热老化过程中主链的断裂(可能是水解反应)有关。在图 6-14 中,聚砜在第 30~60 天内部的热交联反应占优势,随后在 90~180 天降解反应占优势,聚砜在上述过程中分子量变化不是太多。从分子量的角度看,聚砜材料有较好的抗湿热老化的能力。

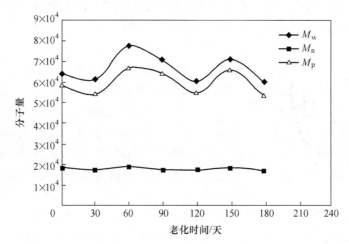

图 6-14 湿热老化的聚砜试样的分子量

从图 6-15 可见,聚碳酸酯材料在为期 180 天的温度老化过程中,重均分子量和峰值分子量先有所增加,然后略有下降,但总的趋势是分子量略有增加,数均分子量基本不变。重均分子量的增加表明聚碳酸酯在热老化初期交联反应占优势,而其后重均分子量的缓慢降低表明在热老化后期降解反应占优势。从分子量的角度看,聚碳酸酯材料有较好的抗热老化的能力。

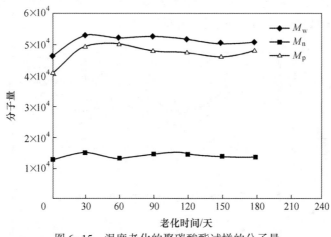

图 6-15 温度老化的聚碳酸酯试样的分子量

从图 6-16 可见,聚碳酸酯在为期 180 天的湿热老化中,重均分子量与峰值分子量均略有增加,而数均分子量基本上不变。重均分子量的增加表明聚碳酸酯在湿热老化中交联反应占优势。从分子量的角度看,聚碳酸酯材料有较好的抗湿热环境老化的能力。

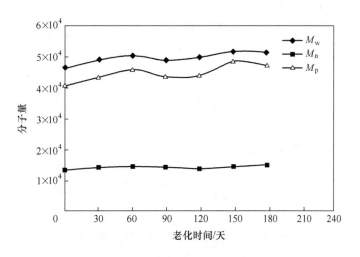

图 6-16 湿热老化的聚碳酸酯试样的分子量

由图 6-17 可见,在 S-2 级(65N 级)模拟应力老化试验中,有机玻璃材料的三种分子量呈现出不同的变化趋势,数均分子量先略有增加而后逐渐下降,而重均分子量和峰值分子量在先增加了若干倍后逐渐降低。这表明在 S-2 级应力老化中有机玻璃材料内部既有交联反应,又有降解反应,可能属于力化学作用。

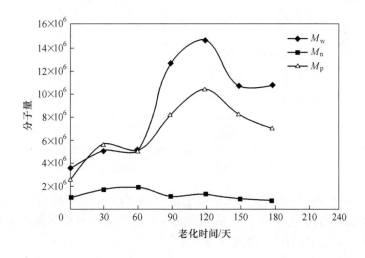

图 6-17 S-2 级(65N 级)模拟应力老化的有机玻璃试样的分子量

由图 6-18 可见,在 S-3 级(97N 级)模拟应力老化试验中,有机玻璃材料的三种分子量也表现出不同的变化趋势,数均分子量在波动中逐渐下降,而重均分子量和峰值分子量先略有降低,然后在 60 天之后分子量急剧增加了数倍,最后逐渐降低并有一定恢复。这表明在 S-3 级应力老化中有机玻璃材料内部先是降解反应占优势,随着时间的增加有一定的交联反应并同时伴有降解反应,可能属于力化学作用。

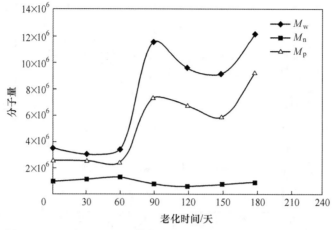

图 6-18　S-3 级(97N 级)模拟应力老化的有机玻璃试样的分子量

由图 6-19 可见,在 370N 级应力老化试验中,有机玻璃的重均分子量有较大幅度的增加,峰值分子量略有增加,而数均分子量逐渐降低。这表明有机玻璃材料在 370N 级应力老化中同时存在交联反应和降解反应,可能属于力化学作用。

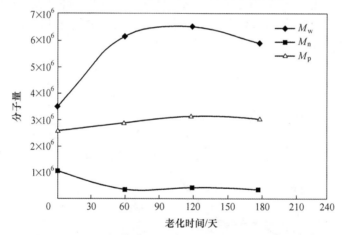

图 6-19　370N 级模拟应力老化的有机玻璃试样的分子量

由图 6-20 可见,有机玻璃在常规贮存老化中,重均分子量和峰值分子量随着贮存时间的增加先大幅增加,然后有所下降,而数均分子量在波动中略有下降。这表明在常规贮存中先以交联反应为主,而后以降解反应为主。

由图 6-21 可见,聚砜在 S-2 级(65N 级)模拟应力老化试验中,三种分子量在波动中有所下降,然后又有所恢复。这表明在 S-2 级应力老化中聚砜材料内部可能既有交联反应,又有降解反应,可能属于力化学作用。

由图 6-22 可见,聚砜在 S-3 级(97N 级)模拟应力老化试验中,三种分子量也表现出不同的变化趋势,数均分子量逐渐下降,而重均分子量和峰值分子量先略有降低,然后在 60 天之后分子量有一个较大的上升峰,最后逐渐降低。这表明在 S-3 级应力老化中聚砜材料内部先是降解反应占优势。随着时间的增加有一定的交联反应同时伴有降解反应,可能属于力化学作用。

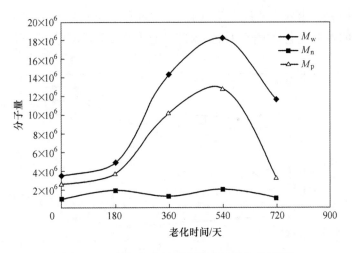

图 6-20　常规老化的有机玻璃试样的分子量

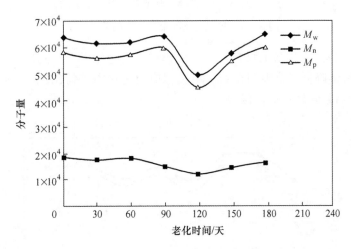

图 6-21　S-2级(65N级)模拟应力老化的聚砜试样的分子量

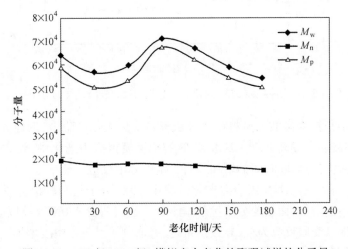

图 6-22　S-3级(97N级)模拟应力老化的聚砜试样的分子量

由图 6-23 可见,聚砜在常规老化试验中,三种分子量在波动中有所下降,然后又略有增加。这表明在常规老化中聚砜材料内部可能既有交联反应,又有降解反应。

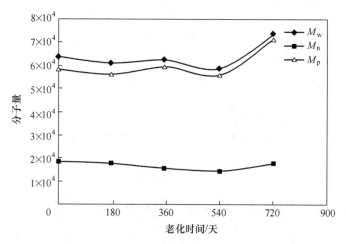

图 6-23　常规老化的聚砜试样的分子量

由图 6-24 可见,聚碳酸酯材料在 65N 级模拟应力老化中,三种分子量均先有所增加然后在波动中逐渐降低。这表明在 65N 级模拟应力老化中,聚碳酸酯材料内部先是交联反应占优势,然后是降解反应占优势。

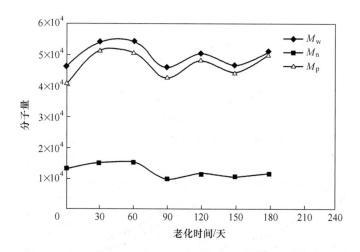

图 6-24　S-2 级(65N)模拟应力老化的聚碳酸酯试样的分子量

由图 6-25 可见,聚碳酸酯材料在 97N 级模拟应力老化试验中,三种分子量均是先略有增加,然后在波动中逐渐下降。这表明在 97N 级模拟应力老化中,聚碳酸酯材料内部先以交联反应为主,然后随时间的增加伴有一定的降解反应。

由图 6-26 可见,在 370N 级应力老化试验中,重均分子量和峰值分子量均随贮存时间的增加而在不断增加,而数均分子量基本不变。这表明在 370N 级模拟应力老化中,聚碳酸酯材料内部以交联反应为主,导致了重均、峰值分子量较大幅度增加。

由图 6-27 可见,在常规老化试验中,重均分子量和峰值分子量在波动中有所增加,

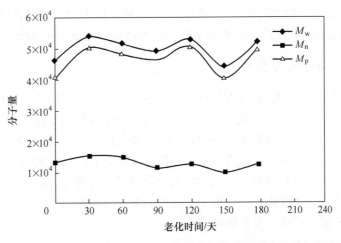

图 6-25　S-3 级(97N 级)模拟应力老化的聚碳酸酯试样的分子量

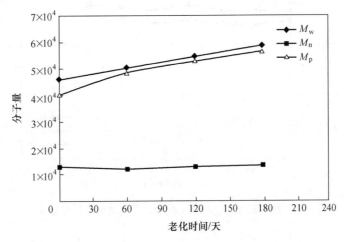

图 6-26　370N 级模拟应力老化的聚碳酸酯试样的分子量

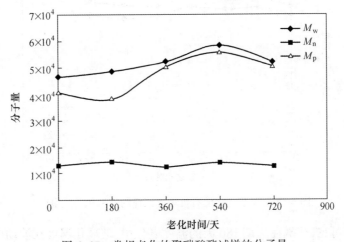

图 6-27　常规老化的聚碳酸酯试样的分子量

而数均分子量在波动中略有降低。这表明在常规贮存老化中,聚碳酸酯材料内部同时存在交联反应和降解反应,导致了重均、峰值分子量的增加和数均分子量的波动和轻微降低。

6.2.3 玻璃化转变温度

有机玻璃、聚砜、聚碳酸酯3种材料在温度老化、湿热老化试验的玻璃化转变温度变化趋势如图6-28~图6-33所示。T_{g-1}、T_{g-2}、T_{g-3}分别为玻璃化转变始点、中点、终点温度。

由图6-28可见,有机玻璃在为期180天的温度老化过程中,玻璃化温度略有波动,但总体趋势是基本上保持不变。这表明温度老化对有机玻璃的玻璃化温度影响很小。

由图6-29可见,有机玻璃在为期180天的湿热老化过程中,玻璃化温度先是略有增加,而后又略有降低,然后基本保持不变。总体趋势是,玻璃化温度基本不变。这表明湿热条件对有机玻璃的玻璃化温度影响很小。

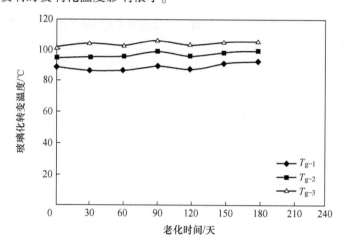

图6-28 温度老化的有机玻璃试样的玻璃化转变温度

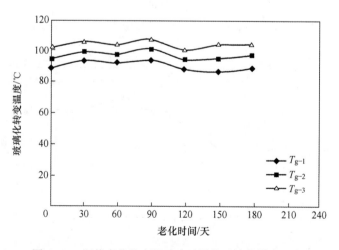

图6-29 湿热老化的有机玻璃试样的玻璃化转变温度

由图6-30可见,聚砜在为期180天的温度老化中,玻璃化温度在波动中逐渐降低,波动幅度可达5℃左右,最后(第180天)的玻璃化温度降低得较多(较初始值低7~8℃)。

这表明热老化对聚砜的玻璃化温度有较大的影响，虽然其玻璃化温度随老化时间的增加波动得较厉害，但总体变化趋势是在不断地下降。

由图6-31可见，聚砜在为期180天的湿热老化中，玻璃化温度先是在波动中不断下降，在第90天时达到最低点，然后在第120天时略有恢复，第150天时有较大恢复，第180天时又有所下降。这表明湿热老化对聚砜玻璃化温度有一定的降低作用，其总的变化趋势是玻璃化温度在波动中不断下降。

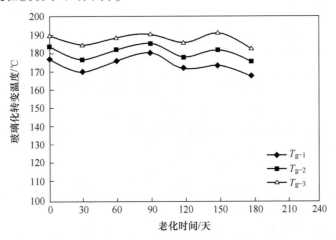

图6-30 温度老化的聚砜试样的玻璃化转变温度

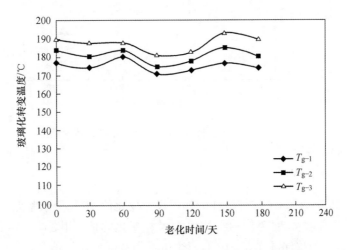

图6-31 湿热老化的聚砜试样的玻璃化转变温度

由图6-32可见，聚碳酸酯在为期180天的温度老化过程中，玻璃化开始温度在波动中略有增加，玻璃化中点温度在波动中基本不变，玻璃化终点温度有所下降，随温度老化的进行，聚碳酸酯的玻璃化温度范围有所缩小。这表明热老化对聚碳酸酯的玻璃化温度有轻微的影响。

由图6-33可见，聚碳酸酯在为期180天的湿热老化过程中，玻璃化始点、中点和终点温度均在波动中有所下降。这表明湿热老化对聚碳酸酯的玻璃化温度有轻微的降低作用。

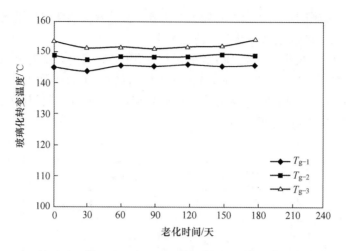

图 6-32 温度老化的聚碳酸酯试样的玻璃化转变温度

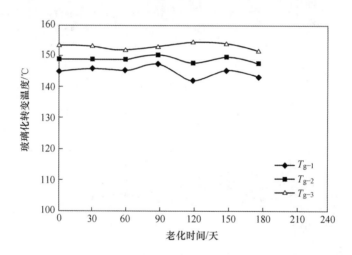

图 6-33 湿热老化的聚碳酸酯试样的玻璃化转变温度

6.2.4 平均结构尺寸

测量老化试验前、后每个拉伸试样的外观尺寸变化值,取每个试验点的一组四个试样的宽度变化、厚度变化、长度变化的平均值为尺寸变化均值,如图 6-34 ~ 图 6-54 所示。其中 Δb_1、Δb_2、Δb_3 为拉伸试样左、中、右三个位置的宽度变化均值,Δd_1、Δd_2、Δd_3 为拉伸试样左、中、右三个相应位置的厚度变化均值,ΔL 为拉伸试样的长度变化均值,单位均为 mm。拉伸试样设计宽度 $b_1 = 20\mathrm{mm}$、$b_2 = 10\mathrm{mm}$、$b_3 = 20\mathrm{mm}$,拉伸试样设计厚度 $d_1 = d_2 = d_3 = 4\mathrm{mm}$,拉伸试样设计长度 $L = 150\mathrm{mm}$。

模拟应力老化的试验代号:S-拉应力老化,其中 S-1 级:负载 32N;S-2 级:负载 65N;S-3 级:负载 97N;370N 级:负载 370N;200N 级:负载 200N。注:S-1 级、S-2 级、S-3 级试验进行了 2 个月后,发现试样强度和尺寸变化都很小,就中止了 S-1 级试验,并将其试样改用于进行有机玻璃和聚碳酸酯的 370N 级和聚砜的 200N 级试验,这两个应力级别更接近相应零部件的真实环境应力。

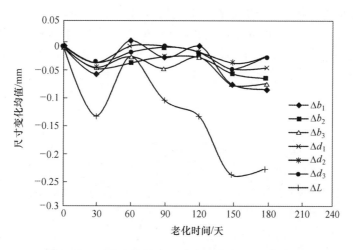

图 6-34 温度老化的有机玻璃试样的尺寸变化均值

由图 6-34 可见,有机玻璃试样在为期 180 天的温度老化(40℃)中宽度、厚度和长度均在波动中有不同程度的下降,平均宽度变化(Δb)的最大值为 -0.08mm,平均厚度变化(Δd)的最大值为 -0.04mm,平均长度变化(ΔL)的最大值为 -0.24mm。这表明较高的贮存温度可能导致有机玻璃材料的宽度、厚度、长度均略有收缩。上述尺寸变化均值在扣除测量的仪器误差和人员误差后,剩下的部分可能是因为有机玻璃材料在较高温度下贮存时,材料内部水分释放和材料的热氧降解释放 CO、CO_2 等气体导致材料内部尺寸有轻度的收缩。

由图 6-35 可见,有机玻璃试样在为期 180 天的湿热老化中宽度和厚度尺寸的变化均值略有波动,但基本不变,而长度尺寸的变化均值则先有所增加,然后在波动中逐渐下降,变化的最大值为 0.3mm。这表明湿热条件对有机玻璃试样的宽度和厚度基本上没有影响,而对其长度有轻微的增加作用,可能是材料吸水后的溶胀作用所致。

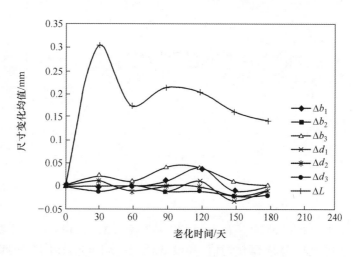

图 6-35 湿热老化的有机玻璃试样的尺寸变化均值

由图 6-36 可见,聚砜试样在为期 180 天的温度老化(40℃)中,平均尺寸变化值有所波动,宽度变化均值、厚度变化均值、长度变化均值均呈现先下降后上升再下降的趋势,平均宽度变化的最大值为 -0.04 mm,平均厚度变化的最大值为 -0.04 mm,平均长度变化的最大值为 -0.12 mm,略有收缩。上述尺寸变化均值大多在 $-0.02 \sim +0.02$ mm 范围内,在测量的仪器误差和人员误差范围内。这表明聚砜材料尺寸的耐温度老化稳定性良好。

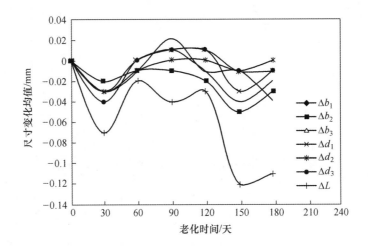

图 6-36　温度老化的聚砜试样的尺寸变化均值

由图 6-37 可见,聚砜试样在为期 180 天的湿热老化中,宽度、厚度、长度尺寸变化均值有所波动,其长度尺寸的收缩量小于在温度老化中的情况,但总体趋势基本上不变。这表明聚砜材料尺寸的耐湿热老化稳定性良好。

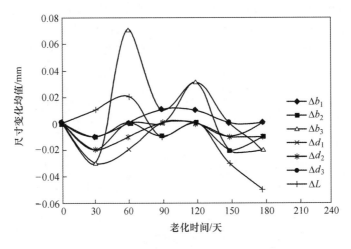

图 6-37　湿热老化的聚砜试样的尺寸变化均值

由图 6-38 可见,聚碳酸酯试样在为期 180 天的温度老化(40℃)中,平均尺寸变化值均为负值,宽度变化均值、厚度变化均值、长度变化均值均呈现先下降后上升再下降(个别宽度和厚度变化均值在上升后呈现保持不变的趋势)。上述尺寸变化均值大多在

-0.05~0mm 范围内,长度变化均值的最大收缩量为-0.15mm,略有收缩。这表明聚碳酸酯材料的尺寸具有较好的耐温度老化稳定性。

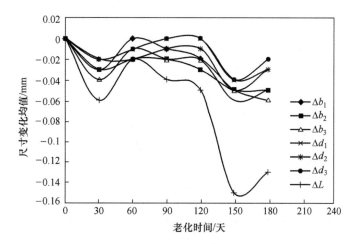

图 6-38 温度老化的聚碳酸酯试样的尺寸变化均值

由图 6-39 可见,聚碳酸酯试样在为期 180 天的湿热老化(40℃,90%RH)中,平均尺寸变化值除个别以外均有不同程度的增加,尤以长度变化均值收缩得较多。其总体趋势是略有收缩,最大收缩量为-0.05mm。这表明聚碳酸酯尺寸具有较好的耐湿热老化稳定性。

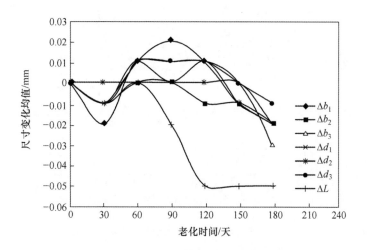

图 6-39 湿热老化的聚碳酸酯试样的尺寸变化均值

由图 6-40 可见,S-1 级(32N 级)模拟应力老化中,有机玻璃试样宽度、厚度和长度尺寸均有所收缩,在 30 天应力老化时所有尺寸变化均值均为负值,材料外观尺寸均略有收缩,在长度方向也是收缩,而没有出现预期的拉长效应。这表明有机玻璃试样在加载 S-1 级(32N 级)模拟应力达 60 天之后,整体尺寸基本上没有变化。

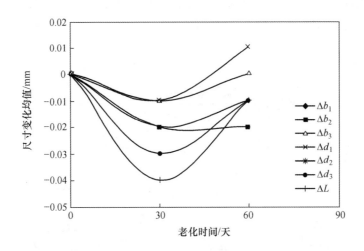

图6-40 S-1级(32N级)模拟应力老化的有机玻璃试样的尺寸变化均值

由图6-41可见,S-2级(65N级)模拟应力老化中,有机玻璃试样宽度、厚度和长度方向上的尺寸变化均值有所波动,大部分波动量在±0.03mm以内,长度方向的最大波动值在-0.10mm以内,也没有出现预期的拉长效应。这表明有机玻璃材料对65N级拉应力在180天以内具有较好的尺寸稳定性。

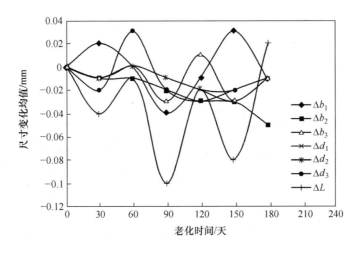

图6-41 S-2级(65N级)模拟应力老化的有机玻璃试样的尺寸变化均值

由图6-42可见,在S-3级(97N级)模拟应力老化中,有机玻璃试样在宽度、厚度和长度方向上尺寸变化均值围绕坐标轴有所波动,其宽度、厚度波动量在±0.03mm以内,长度变化均值的波动量在-0.09~0.04mm,第60天时长度变化均值为0.04mm,即略有拉长,第90、第120、第150天时均为负值,最大达到-0.09mm,第180天时为0.05mm,略有拉长,长度方向上基本上没有出现拉长效应。这表明有机玻璃材料对97N级拉应力在180天时间内具有较好的尺寸稳定性。

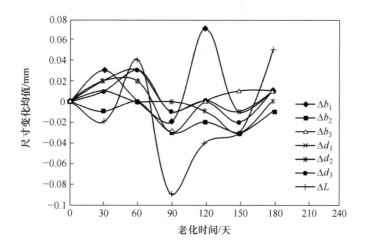

图 6-42　S-3 级(97N 级)模拟应力老化的有机玻璃试样的尺寸变化均值

由图 6-43 可见,在 S-1 级(32N 级)模拟应力老化中,聚砜试样在宽度、厚度和长度方向上的尺寸变化均值基本在±0.02mm 以内,只有长度变化均值的最大值在-0.04mm。在长度方向上没有出现拉长效应。这表明聚砜材料在为期 60 天的 32N 级拉应力老化过程中具有良好的尺寸稳定性。

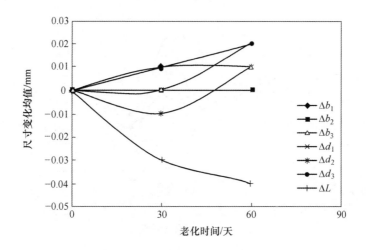

图 6-43　S-1 级(32N 级)模拟应力老化的聚砜试样的尺寸变化均值

由图 6-44 可见,在 S-2 级(65N 级)模拟应力老化过程中,聚砜试样在宽度、厚度方向上尺寸变化均值略有波动,波动量在±0.02mm 以内,在长度方向上尺寸变化均值在 30~150 天始终为负,略有收缩,其最大值为-0.13mm,只在第 180 天时变化均值为 0.02mm,这在测量误差范围内,在长度方向上也没有出现拉长效应。这表明聚砜材料在为期 180 天的 65N 级拉应力老化过程中具有良好的尺寸稳定性。

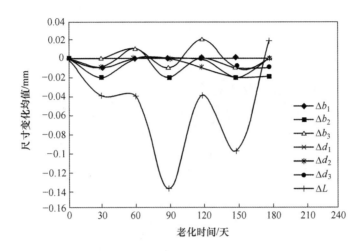

图6-44 S-2级(65N级)模拟应力老化的聚砜试样的尺寸变化均值

由图6-45可见,在S-3级(97N级)模拟应力老化过程中,聚砜试样在宽度、厚度和长度方向上尺寸变化均值略有波动,波动量大部分在±0.02mm以内,在长度方向上略有收缩,最大值为-0.06mm,在长度方向上也没有出现拉长效应。这表明聚砜材料在为期180天的97N级拉应力老化过程中具有良好的尺寸稳定性。

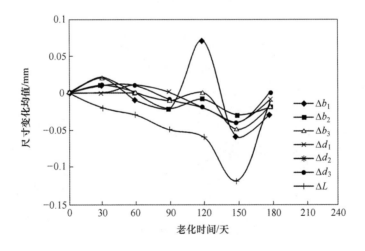

图6-45 S-3级(97N级)模拟应力老化的聚砜试样的尺寸变化均值

由图6-46可见,在S-1级(32N级)模拟应力老化过程中,聚碳酸酯试样在宽度、厚度方向上尺寸变化均值略有波动,其波动值在±0.02mm以内,在长度方向上略有收缩,其最大值为-0.06mm,在长度方向上也没有拉长效应。这表明聚碳酸酯在为期60天的32N级拉应力老化过程中具有良好的尺寸稳定性。

由图6-47可见,在S-2级(65N级)模拟应力老化过程中,聚碳酸酯试样在宽度、厚

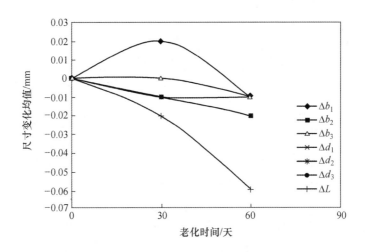

图 6-46　S-1 级(32N 级)模拟应力老化的聚碳酸酯试样的尺寸变化均值

度方向上尺寸变化均值略有波动,其波动值大部分在±0.03mm 以内,在长度方向上略有收缩,其最大值为-0.13mm,在长度方向上没有出现拉长效应。这表明聚碳酸酯在为期 180 天的 65N 级拉应力老化过程中具有良好的尺寸稳定性。

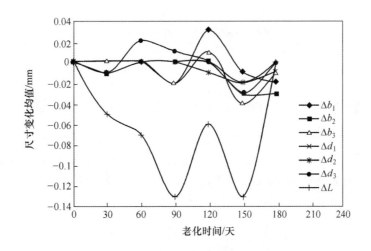

图 6-47　S-2 级(65N 级)模拟应力老化的聚碳酸酯试样的尺寸变化均值

由图 6-48 可见,在 S-3 级(97N 级)模拟应力老化过程中,聚碳酸酯试样在宽度和厚度方向上尺寸变化均值略有波动,其变化均值大部分在±0.04mm 以内,在长度方向上略有收缩,其最大值为-0.13mm,在长度方向上没有出现拉长效应。这表明聚碳酸酯在为期 180 天的 97N 级拉应力老化过程中具有良好的尺寸稳定性。

由图 6-49 可见,在为期 180 天的 370N 级模拟应力老化过程中,有机玻璃试样在宽度、厚度方向上尺寸略有波动和降低,在长度方向上最大增加值为 0.44mm,在长度方向上观察到轻微的拉长效应。这表明在为期 180 天的 370N 级的拉应力水平下有机玻璃材料在长度方向上有轻微的拉长效应,其他方向上尺寸基本上是稳定的。

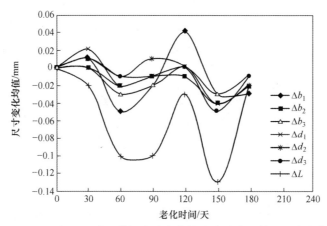

图 6-48　S-3 级(97N 级)模拟应力老化的聚碳酸酯试样的尺寸变化均值

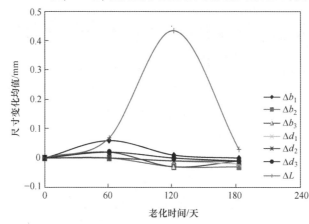

图 6-49　370N 级模拟应力老化的有机玻璃试样的尺寸变化均值(见彩插)

由图 6-50 可见,在 370N 级模拟应力老化过程中,聚碳酸酯试样在宽度和厚度方向上的尺寸变化均值略有波动,大部分在 ±0.05mm 以内,宽度最大波动 0.11mm;在长度方向上略有波动,最大波动 -0.08mm,没有出现拉长效应。这表明聚碳酸酯在为期 180 天的 370N 级拉应力老化过程中具有良好的尺寸稳定性。

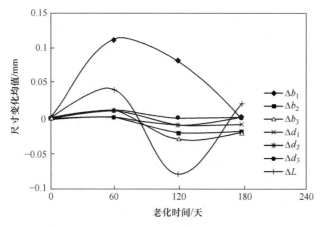

图 6-50　370N 级模拟应力老化的聚碳酸酯试样的尺寸变化均值

由图 6-51 可见,在为期 180 天的 200N 级模拟应力老化过程中,聚砜试样在宽度和厚度方向上尺寸略有波动和降低;在长度方向上最大收缩值为 -0.14mm,没有观察到拉长效应。这表明在为期 180 天的 200N 级的拉应力水平下聚砜材料在长度方向上没有拉长效应,其他方向上尺寸基本上是稳定的。

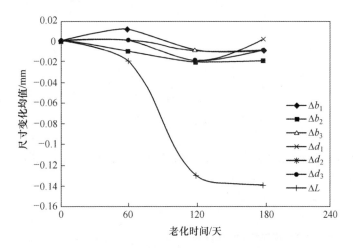

图 6-51　200N 级模拟应力老化的聚砜试样的尺寸变化均值

由图 6-52 可见,在为期 900 天的常规老化中,有机玻璃试样在宽度、厚度和长度方向上的尺寸变化均值略有波动,但大部分变化均值都在 ±0.02mm 以内,在宽度方向上最大变化均值为 0.08mm,在长度方向上最大变化均值为 -0.13mm,略有收缩。这表明有机玻璃在为期 900 天的常规老化中具有较好的尺寸稳定性。

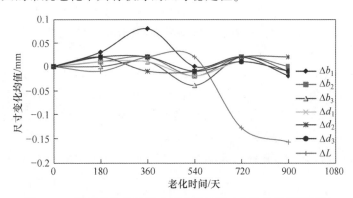

图 6-52　常规老化的有机玻璃试样的尺寸变化均值(见彩插)

由图 6-53 可见,在为期 900 天的常规老化中,聚砜试样在宽度、厚度和长度方向上尺寸变化均值略有波动,但大部分变化均值都在 ±0.02mm 以内,在宽度方向上的最大变化均值为 0.07mm,在长度方向上的最大变化均值为 -0.06mm,略有收缩。这表明聚砜在为期 900 天的常规老化中具有良好的尺寸稳定性。

由图 6-54 可见,在为期 900 天的常规老化中,聚碳酸酯试样在宽度、厚度和长度方向上尺寸变化均值略有波动,但大部分变化均值都在 ±0.02mm 以内,在宽度方向上的最大变化均值为 0.03mm,在厚度方向上的最大变化均值为 -0.03mm,在长度方向上的最大变

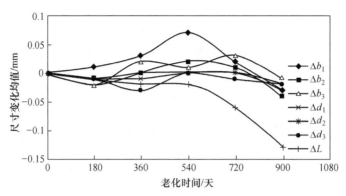

图6-53 常规老化的聚砜试样的尺寸变化均值

化均值为-0.10mm,略有收缩。这表明聚碳酸酯在900天的常规老化中具有良好的尺寸稳定性。

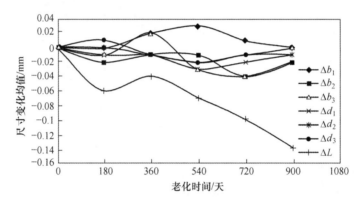

图6-54 常规老化的聚碳酸酯试样的尺寸变化均值

由图6-34~图6-54可见,老化试样的绝大部分尺寸变化均值在-0.02~0.02mm,这属于测量仪器误差和人员误差范围,因此可以认为,有机玻璃、聚碳酸酯和聚砜试样在180天湿热老化、180天湿热老化、180天5个级别的模拟应力老化以及900天常规老化中尺寸基本没有变化,但在某些试验中试样的某些尺寸有轻微变化,如370N级拉应力老化中有机玻璃在长度方向上有轻微的拉长效应,需要给予一定的关注。

6.3 贮存平行试验中的结构尺寸变化

6.3.1 有机玻璃圆片

有机玻璃圆片的贮存平行试验结果如图6-55和图6-56所示。

由图6-55可见,在为期900天的贮存平行试验中,6个有机玻璃平行试验圆片的平均厚度尺寸随贮存时间的增加而均略有增加,最大增加量为0.04mm,而且略有波动,波动幅度在0.01~0.04mm。有机玻璃平行试样厚度尺寸的增加可能是由有机玻璃材料吸收了环境中的水分所致。

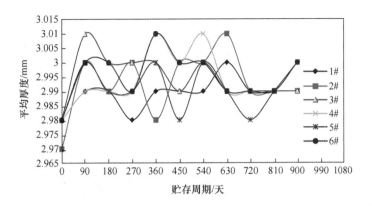

图 6-55　有机玻璃圆片的平均厚度在贮存平行试验中的变化趋势（见彩插）

由图 6-56 可见，在为期 900 天的贮存平行试验中，6 个有机玻璃平行试验圆片的平均外径随贮存时间的增加而均略有增加，增加的幅度大部分在 0.02~0.08mm，其最大值为 0.11mm，增加值随时间的延长有所波动。其尺寸的波动可能是因环境温湿度的变化而发生的相应变化。有机玻璃平行试样外径尺寸的增加可能也是由有机玻璃材料吸收了环境中的水分所致。

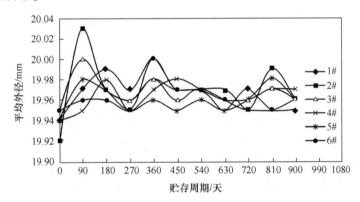

图 6-56　有机玻璃圆片的平均外径在贮存平行试验中的变化趋势

6.3.2　聚砜圆片

聚砜圆片的贮存平行试验结果见图 6-57~图 6-59。

由图 6-57 可见，在为期 900 天的贮存平行试验中，7 个聚砜圆片平行试样的平均厚度基本保持不变，个别的略有波动，波动幅度在 -0.02~0.01mm，这在测量误差的范围内。由此可见，在 900 天的贮存平行试验中，聚砜圆片的平均厚度尺寸具有良好的稳定性。

由图 6-58 可见，在为期 900 天的贮存平行试验中，7 个聚砜圆片平行试样的平均外径有几个略有增加，有几个略有下降，还有个别的保持不变，其变化值略有波动。其尺寸的波动可能与环境温湿度的变化有关。尺寸增加的最大值为 0.03mm，尺寸收缩的最大值为 -0.05mm。扣除测量的仪器误差和人员误差，在 900 天的贮存平行试验中，聚砜圆片

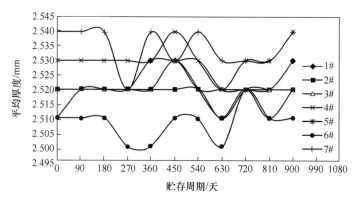

图 6-57　聚砜圆片的平均厚度在贮存平行试验中的变化趋势

平均外径基本不变。

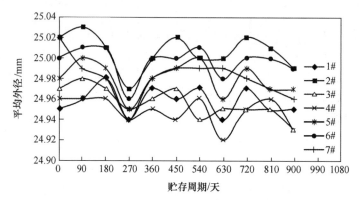

图 6-58　聚砜圆片的平均外径在贮存平行试验中的变化趋势

由图 6-59 可见,在为期 900 天的贮存平行试验中,7 个聚砜平行试验圆片的平均内径均随贮存时间的增加而有不同程度的增加,而且增加值略有波动,增加值最大可达 0.05mm,有个别样品内径随贮存时间增加,其内径在 $-0.02 \sim +0.02$mm 波动。其尺寸的波动可能与环境温湿度的变化有关。在 900 天的贮存平行试验中,聚砜圆片平均内径的总体变化趋势是略微有所增加。

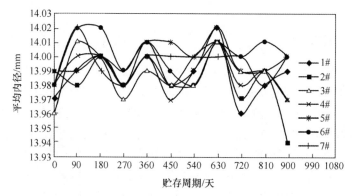

图 6-59　聚砜圆片的平均内径在贮存平行试验中的变化趋势

6.3.3 聚碳酸酯压盖

聚碳酸酯压盖平行试样的贮存平行试验结果如图 6-60~图 6-62 所示。

由图 6-60 可见,在为期 900 天的贮存平行试验中,聚碳酸酯压盖平行试样的 4 个相关外径的变化情况有所波动,增加的最大值为 0.05mm,减少的最大值为-0.08mm。其尺寸的波动可能与环境温湿度的变化有关,并且具有一定的尺寸可恢复性。总体上,在 900 天的贮存中,压盖的外径尺寸有轻微的降低。

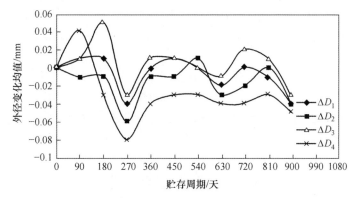

图 6-60　贮存平行试验中聚碳酸酯压盖的外径变化均值

由图 6-61 可见,在为期 900 天的贮存平行试验中,聚碳酸酯压盖平行试样的 4 个相关厚度变化值在波动中略有下降。尺寸增加最大值为 0.03mm,尺寸减少最大值为-0.07mm。其尺寸的波动可能与环境温湿度的变化有关,并有部分尺寸具有可恢复性。总体上,在 900 天的贮存中,压盖的平均厚度有轻微的收缩,收缩幅度大部分在-0.04~0mm,个别达到-0.07mm。在扣除测量的仪器误差和人员误差后,可认为压盖的平均厚度尺寸有轻微的降低。

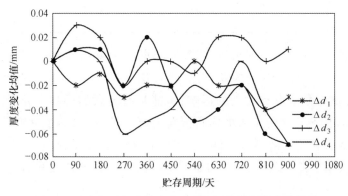

图 6-61　贮存平行试验中聚碳酸酯压盖的厚度变化均值

由图 6-62 可见,在为期 900 天的贮存平行试验中,聚碳酸酯压盖平行试样的 9 个相关小孔内径变化值略有波动。孔 1~8 为等直径小孔,小孔内径增加最大值为 0.13mm,内径减小最大值为-0.07mm。孔 9 为一个较大的孔,其内径随贮存时间的增加有较大幅度的波动,其最大增加值可达 0.12mm,最大降低值为-0.03mm。其尺寸的波动可能与环境温湿度的变化有关,并有一定的尺寸可恢复性。总体上,在900天的贮存中,扣除测量的仪器误差和人员误差,小孔1~8内径尺寸略有收缩,但大孔9的内径略有增加。

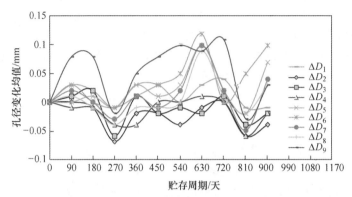

图6-62 贮存平行试验中聚碳酸酯压盖的孔径变化均值(见彩插)

6.4 其他贮存性能

6.4.1 长期贮存的聚砜棒料的力学性能

对三种不同贮存期的聚砜棒料加工的拉伸试样进行了力学性能测试,结果见表6-1。

表6-1 不同贮存期的聚砜棒料的力学性能

贮存周期/年	14(1996—2010年)	10(2000—2010年)	6(2004—2010年)
平均拉伸强度/MPa	79.55	80.38	78.67

由表6-1可见,从拉伸强度来看,三种贮存期的聚砜棒料(中心部位)加工的试样的力学性能基本上一致,没有大的变化,表明长达14年的贮存期对聚砜棒料(中心部位)加工的拉伸试样强度没有太大的影响,可能只有轻微的影响。分析其原因可能是棒料表面层阻止了空气中氧气和水分向棒料内部的扩散,保护了棒料的芯层,表面层可能有一定程度的老化降解,但随深度的增加老化降解程度变小,而中心部位只有轻微程度的老化或基本没有老化,对棒料中心部位材料的力学性能只有轻微的影响或基本没有影响。

6.4.2 材料拉伸强度的数据分散性

有机玻璃、聚砜、聚碳酸酯三种材料的拉伸强度的数据分散性试验结果如下。各选取三种材料的同一批次棒料分别加工各10件标准拉伸试样,然后测试其拉伸强度,计算拉伸强度的标准偏差SD、相对标准偏差RSD(%)以及极差,结果见表6-2。

表 6-2 有机玻璃、聚砜、聚碳酸酯的数据分散性试验结果

材料	拉伸强度/MPa	拉伸强度平均值/MPa	SD/MPa	RSD/%	极差/MPa
有机玻璃	76.61,77.33,79.92,75.75,76.04,75.64,79.30,77.65,77.69,70.13	76.61	2.69	3.5	9.17
聚砜	80.79,80.56,80.20,79.80,79.74,79.84,80.71,80.31,80.62,81.37	80.39	0.52	0.65	1.63
聚碳酸酯	66.39,65.86,66.47,66.06,66.49,65.97,66.72,65.57,66.42,66.24	66.22	0.35	0.53	1.15

由表 6-2 可见,相比之下,在有机玻璃、聚砜和聚碳酸酯这三种材料之中,有机玻璃具有较大的标准偏差 SD、RSD(%)和极差,分别为 2.69MPa、3.5%和 9.17MPa,具有相对较大的数据分散性,而聚砜和聚碳酸酯的 SD 分别为 0.52MPa 和 0.35MPa,RSD(%)也较小,分别为 0.65%和 0.53%,极差也较小,分别为 1.63MPa 和 1.15MPa,具有较小的数据分散性。这个数据分散性是由材料自身引入的性能的分散程度,是同一批次材料加工拉伸试样之间的性能数据的分散性,如果换成不同批次材料混合在一起进行比较,肯定会有更大的数据分散性,因此我们在进行材料的老化性能研究时,必须考虑到这个问题,除了必须采用同一批次的材料加工老化试样,尽可能减少老化试样之间的数据分散性,同时在老化研究中还要考虑到材料自身带入的性能分散程度对老化性能变化的影响,使老化研究中获得的性能变化数据尽可能地真实、客观和准确,从而较准确地揭示材料的老化规律。

6.5 小　　结

通过对聚碳酸酯、聚砜和有机玻璃在贮存条件下的老化性能研究,得到了下面的结论。

1. 聚碳酸酯

(1) 聚碳酸酯耐 180 天温度老化(40℃,常湿)和湿热老化(40℃,90%RH)性能良好。湿热老化后,尺寸略有收缩。

(2) 聚碳酸酯耐 180 天的模拟应力(32N 级、65N 级、97N 级、370N 级)老化性能良好。

(3) 聚碳酸酯耐 900 天的常规老化贮存性能良好。

(4) 在 900 天的贮存平行试验中,聚碳酸酯压盖平行试样的外径尺寸基本上保持不变,平均厚度尺寸略有收缩。压盖上小孔 1~8 内径尺寸略有收缩,但大孔 9 的内径略有增加。

2. 有机玻璃

(1) 有机玻璃耐 180 天温度老化(40℃,常湿)和湿热老化(40℃,90%RH)性能良好。

在温度老化后,尺寸均略有收缩;在湿热老化后,长度尺寸略有增加。

(2) 有机玻璃耐180天的模拟应力(32N级、65N级、97N级、370N级)老化性能较好。除在370N级的拉应力下在长度方向上有轻微的拉长效应外,其他方向尺寸稳定性良好。

(3) 有机玻璃材料耐900天常规老化贮存性能较好,尺寸稳定性良好。

(4) 在900天的贮存平行试验中,6个有机玻璃圆片的平均厚度和外径尺寸略有增加,厚度最大增加量为0.04mm,外径最大增加量为0.11mm。

3. 聚砜

(1) 聚砜耐180天温度老化(40℃,常湿)和湿热老化(40℃,90%RH)性能良好。尺寸稳定性良好。

(2) 聚砜耐180天模拟应力(32N级、65N级、97N级、200N级)老化性能良好。

(3) 聚砜耐900天的常规老化贮存性能良好。

(4) 在900天的贮存平行试验中,7个聚砜圆片平行试样的平均厚度、平均外径尺寸基本保持不变,平均内径略有增加,增加值最大可达0.05mm。

参 考 文 献

[1] 高炜斌,徐亮成,淡宜. 热氧老化对聚碳酸酯结构和性能的影响[J]. 塑料,2010,39(2):61-64。

[2] 刘松,陆健生,季献余. 聚碳酸酯的热氧老化特性与断口形貌表征[J]. 失效分析与预防,2017,12(5):283-289.

[3] 陈复,周明勇,李佳荣,等. 聚碳酸酯在高低温交变环境中的老化性能研究[J]. 合成材料老化与应用,2015,44(3):1-4,88.

[4] MEHR M Y, VAN DRIEL W D, JANSEN K M B, et al. Photodegradation of bisphenol A polycarbonate under blue light radiation and its effect on optical properties[J]. Optical Materials, 2013, 35:504-508.

[5] COLLIN S, BUSSIERE P-O, THERIAS S, et al. Physicochemical and mechanical impacts of photo-ageing on bisphenol a polycarbonate[J]. Polymer Degradation and Stability, 2012, 97:2284-2293.

[6] PAN Y H, YANG M J, HAN S M, et al. Study on the changing regularity of structure and properties of PC aged outdoor in western areas of China[J]. Journal of Applied Polymer Science, 2012, 125:2128-2136.

[7] MOJTABA H-Y, PEARL L-S. FTIR Analysis of a polycarbonate blend after hygrothermal aging[J/OL]. Journal of Applied Polymer Science, 2015, 132(3):1-6[2020-7-23]. https://doi.org/10.1002/APP.41316.

[8] ANADAO P, DE SANTIS H S, MONTES R R, et al. Behavior of polysulfone composite and nanocomposite membranes under hypochlorite ageing[J/OL]. Materials Research Express, 2018,5(5):1-6[2020-7-24]. https://doi.org/10.1088/2053-1591/aabf9c.

[9] ZHANG Y, WANG J, GAO F, et al. Impact of sodium hypochlorite (NaClO) on polysulfone (PSF) ultrafiltration membranes: The evolution of membrane performance and fouling behavior[J]. Separation and Purification Technology, 2017, 175:238-247.

[10] REGULA C, CARRETIER E, WYART Y, et al. Ageing of ultrafiltration membranes in contact with sodium hypochlorite and commercial oxidant: Experimental designs as a new ageing protocol[J]. Separation and Purification Technology, 2013, 103:119-138.

[11] REGULA C, CARRETIER E, WYART Y, et al. Ageing of polysulfone ultrafiltration membranes for drinking water production in contact with sodium hypochlorite or formulated detergents[J]. Procedia Engineering, 2012, 44:1038-1040.

[12] BUQUET C L, HAMONIC F, SAITER A, et al. Physical ageing and molecular mobilities of sulfonated polysulfone for proton exchange membranes[J]. Thermochimica Acta, 2010, 509:18-23.

[13] RICHAUD E, COLIN X, MONCHY-LEROY C, et al. Diffusion-controlled radio- chemical oxidation of bisphenol A polysulfone[J]. Polymer International, 2011, 60:371-381.

[14] MANGIN R, SONNIER H V R, et al. Assessment of the protective effect of PMMA on water immersion ageing of flame retarded PLA/PMMA blends [J]. Polymer Degradation and Stability, 2020, 174:109104.

[15] RAPP G, SAMUEL C, ODENT J, et al. Peculiar effect of stereocomplexes on the photochemical ageing of PLA/PMMA blends[J]. Polymer Degradation and Stability, 2018, 150:92-104.

[16] AYRE W N, DENYER S P, EVANS S L. Ageing and moisture uptake in polymethyl methacrylate (PMMA) bone cements[J]. Journal of the Mechanical Behavior of Biomedical Materials, 2014, 32:76-88.

[17] VESEL A, MOZETIC M. Surface modification and ageing of PMMA polymer by oxygen plasma treatment[J]. Vacuum, 2012, 86:634-637.

第 7 章 聚碳酸酯螺套部件贮存开裂的原因及机理

在某产品中的聚碳酸酯螺套部件在产品贮存过程中出现了开裂现象(图7-1),导致该部件失效,因此需要针对该部件在贮存过程中的开裂原因与开裂机理进行分析与研究,掌握其开裂原因和机理,探索降低聚碳酸酯螺套开裂的措施,并用试验加以验证,确保聚碳酸酯螺套部件贮存可靠性。

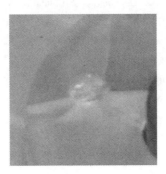

图 7-1 螺套部件上螺孔的开裂形貌

7.1 聚碳酸酯部件开裂的原因及机理研究进展

美国对类似产品用高分子材料的贮存老化性能给予了高度重视,对贮存高分子材料的老化机理、老化规律、试验方法、影响因素和控制措施开展了广泛研究,获得了深入的认识和理解。国内外在聚碳酸酯部件开裂原因及机理方面的研究主要包括以下方面。

聚碳酸酯是一种无定形热塑性工程塑料,具有独特的性能:极高的硬度、良好的透明性、与其他聚合物极好的相容性及高抗热变形性等[1]。具有冲击强度高、抗蠕变、尺寸稳定性好、耐热、透明、介电性能优良等优点,但同时也存在加工流动性差、容易发生应力开裂[2]、对缺口敏感、耐磨性差、成本高等缺点。

对医用的聚碳酸酯输液管接头在输送各种医用液体时发生的开裂现象进行的研究发现,其开裂机理为环境应力开裂(environmental stress cracking,ESC),即聚合物在小的应力作用下同时接触化学液体时发生的开裂[3]。有关开裂现象及机理见图7-2~图7-4。聚碳酸酯在不同化学试剂中的环境应力开裂耐受能力与行为有所不同,应力随浸入时间的变化是聚合物在暴露于各种化学试剂之后处于特定环境和应变条件下如何变化的一个很好的指示剂,环境应力开裂的时间被定义为浸泡在给定溶剂中的聚合物的耐受力偏离聚合物样品在空气中的等价测量值的时间[4]。聚碳酸酯裂纹数据见表7-1。对伽马射线辐射对聚碳酸酯中甲醇引发微裂纹的影响的研究表明,甲醇在未辐照的聚碳酸酯中比在辐照后生成的交联聚碳酸酯中扩散得更快,与未辐射试样相比,辐射后的聚碳酸酯样品表面的微裂纹的形成呈现下降的趋势,该在裂纹形成上的降低可能是由甲醇的扩散速率的降低所导致的[5]。伽马射线辐射降解机理见图7-5,甲醇处理后的聚碳酸酯表面见图7-6。

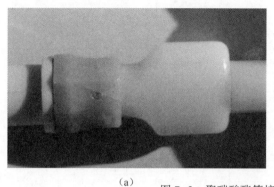
(a)

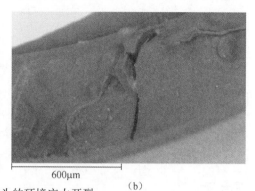
(b)

图7-2 聚碳酸酯管接头的环境应力开裂

(a)宏观开裂;(b)微观开裂[3]。

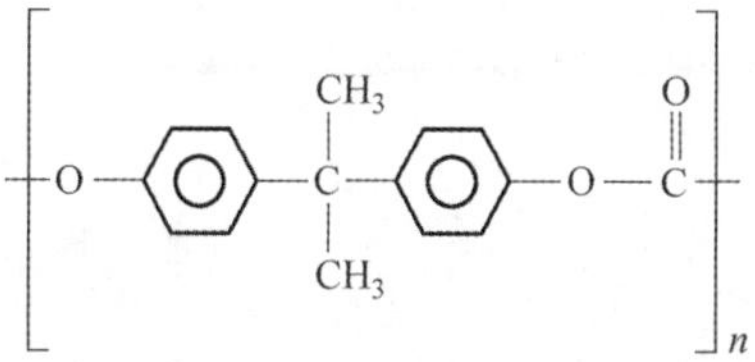

图7-3 聚碳酸酯的单元结构对水解很敏感[3]

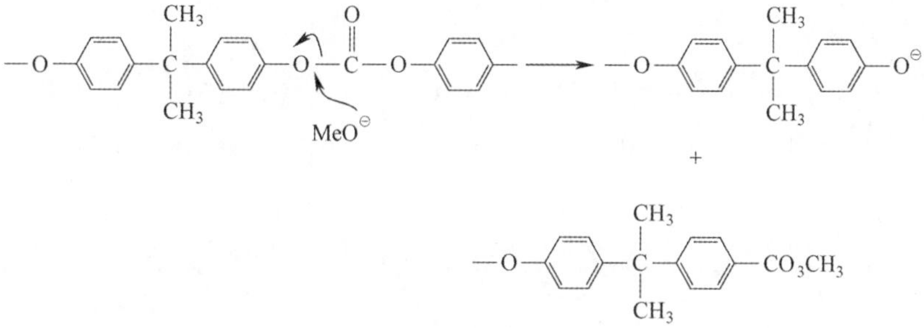

图7-4 聚碳酸酯在KOH-甲醇液体中的水解引起主链的断裂[3]

表7-1 聚碳酸酯裂纹数据[4]

组合	初始应力/MPa	最大应变/%	裂纹深度/mm	裂纹宽度/mm	临界应变/%	备注
聚碳酸酯-异丙醇	19.8	0.79	—	—	—	A
	25.3	1.16	0.595	1.02	1.143	E
	27.3	1.4	0.695	7.7	1.25	F
	32.3	1.64	1.13	17.4	1.244	F
	38	1.85	1.59	22.5	1.271	F

续表

组合	初始应力/MPa	最大应变/%	裂纹深度/mm	裂纹宽度/mm	临界应变/%	备注
聚碳酸酯-乙烯基甘露醇单甲醚	7.5	0.28	—	—	—	A
	8.6	0.33	B(11.8h)	—	—	C
	9.5	0.37	B(4.5h)	16.48	0.29	C
	10.5	0.48	B(12min)	—	—	C
	11.5	0.55	B(22s)	—	—	C
聚碳酸酯-甲醇	27.3	1.4	—	—	—	A
	32	1.64	1.72	1.01	1.62	E
	38	1.85	2.06	7.67	1.65	F
	44	2.2	2.5	10.7	1.87	F

注：A—没有裂纹；B—断裂；C—雾状颜色；E—边缘开裂；F—全宽度开裂。

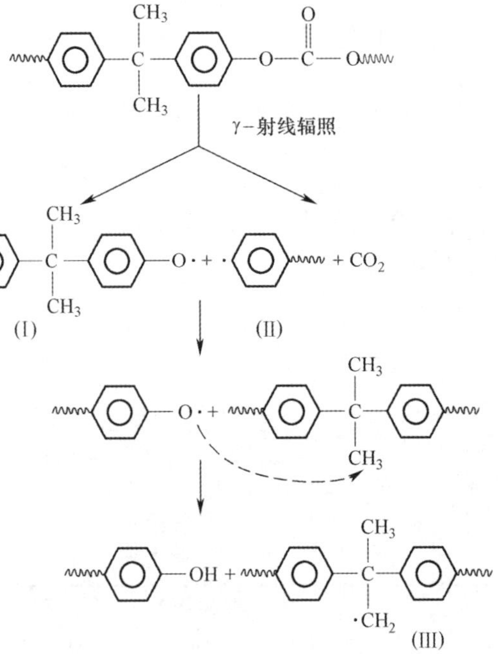

图 7-5 伽马射线辐射引起聚碳酸酯降解并产生非离子分子碎片[5]

在甲醇处理后的聚碳酸酯-ARS(丙烯腈/丁二烯/苯乙烯)表面随时间的增加，裂纹有增加的趋势。而甲醇处理后的聚碳酸酯-γ 表面也随时间的增加，裂纹有增加的趋势。相比之下，相同时间的甲醇处理后的 PC-γ 表面比聚碳酸酯-ARS 表面的裂纹数量更少[5]。

针对聚碳酸酯易应力开裂问题，美国 GE 公司、德国拜耳公司、日本帝人公司、国内金

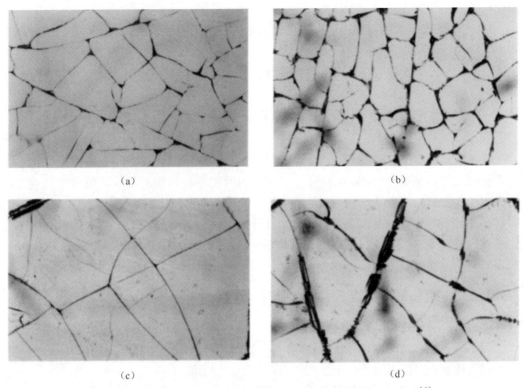

图 7-6 甲醇处理后的 PC-ARS 表面与甲醇处理后的 PC-γ 表面[5]
(a)甲醇处理后的 PC-ARS 表面,两个月之后(×200);(b)甲醇处理后的 PC-ARS 表面,三个月之后(×200);
(c)甲醇处理后的 PC-γ 表面,两个月之后(×200);(d)甲醇处理后的 PC-γ 表面,三个月之后(×200)。

发等知名企业开展了聚碳酸酯/ABS合金化制备技术研究,并通过对聚碳酸酯/ABS合金耐应力开裂行为的系统研究,从源头上减弱材料的应力开裂倾向,提高制件的使用寿命。针对聚碳酸酯/ABS合金经过注射成型的制件经常发生应力开裂的问题,尹建伟等从 ABS 用量、增容剂、增韧剂及阻燃剂 4 个方面系统地研究了合金应力开裂性能的影响[6]。

结构改性的聚碳酸酯由于其熔体黏度大,在注塑薄壁产品时,分子链易取向,导致材料分层,并残留大量的内应力;同时聚碳酸酯耐化学性能较弱,在化学试剂和内应力的共同作用下聚碳酸酯薄壁件最后发生了开裂[7]。聚碳酸酯摩尔质量越高,分布越窄,则聚碳酸酯临界应变值越高,耐环境应力开裂性能越好;此外,温度降低和试样与溶剂溶度参数差 $\Delta\delta$ 增大均有利于提高聚碳酸酯耐环境应力开裂性能[8]。在不同的溶剂和热处理温度条件下,聚碳酸酯的耐环境应力开裂性能差异很大;较大的二甲苯含量容易降低聚碳酸酯发生环境应力开裂的临界拉伸应力及材料的拉伸强度、断裂伸长率;玻璃化转变温度以下的热处理可以提高聚碳酸酯的拉伸强度,但对改善材料的耐环境应力开裂性能不利[9]。注塑工艺对聚碳酸酯制品环境应力开裂行为也具有一定的影响,在四氯化碳浸渍下,在制品侧壁位置出现了分层开裂;熔体温度升高可以提升制品的耐环境应力开裂性;当保压压力较大时,制品开裂现象较为明显[10]。塑料制品残余应力的光弹测量和数值模拟研究发现,流动方法、不平衡的温度分布导致聚碳酸酯注塑件产生了残余应力[11]。

总而言之,聚碳酸酯可能由于加工中较大的内应力而发生应力开裂,也可能由于小的内应力同时接触环境中的化学液体而发生环境应力开裂,这是两种不同的开裂机理。

目前未见关于聚碳酸酯螺套部件贮存开裂机理研究的文献报道。

7.2 聚碳酸酯螺套部件贮存开裂原因及机理的理论分析

聚碳酸酯螺套部件贮存开裂的原因从理论上看主要有内因和外因,内因是变化(开裂)的根据,外因是变化(开裂)的条件。其中,内因主要包括螺套部件的微观结构(化学结构、微观组织等)和宏观结构(内应力累积等),外因主要包括螺套部件贮存的环境因素等对部件材料的作用。下面先介绍螺套部件开裂的外因分析(贮存环境因素与对应的老化机理),然后是对螺套开裂的内因进行分析(主要包括分子结构特点、断裂的主要微观机理),最后是对开裂原因的综合分析。

7.2.1 螺套部件贮存开裂的外因分析

造成螺套部件开裂的外因如下:

(1) 螺套在自然的湿热环境中使用时,存在水解和热氧老化机理。
(2) 螺套在自然光照条件下使用时,存在光老化机理。
(3) 产品内部存在低剂量率辐射,螺套存在辐射老化机理。
(4) 产品内部放热环境,螺套存在热氧老化机理。
(5) 产品内部化学气氛:某些部件上油漆挥发物、有机溶剂挥发物,有机高分子材料老化释放气体,如 H_2、CH_4、CO、CO_2 等,环境中的 O_2 和水蒸气等,化学气氛加上少量内应力导致螺套存在环境应力开裂机理。

7.2.2 螺套部件贮存开裂的内因分析

1. 从分子结构看聚碳酸酯部件的开裂趋势

聚碳酸酯从分子结构[12]上看,其主链上酯键(—COO—)中的 C—O 键的键能仅有 330kJ/mol(图 7-7),为主链上最弱的化学键,极易在环境中的化学气体、有机溶剂等作用下发生化学分解反应,导致主链断裂,产生微观上的裂纹尖端,并在成型加工过程所产生的内应力与使用环境的气氛等影响因素下进一步扩展裂纹,导致最终的材料开裂。

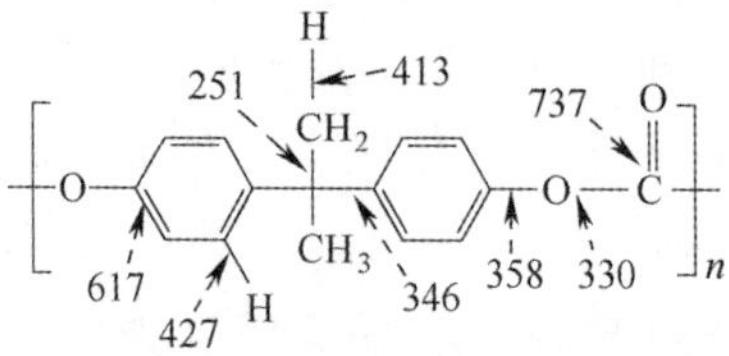

图 7-7 双酚 A 聚碳酸酯中化学键的离解能(单位:kJ/mol)[12]

2. 聚碳酸酯材料断裂的主要微观机理

聚碳酸酯在 KOH 甲醇液体中的溶剂解导致主链断裂,如图 7-8 所示[3]。

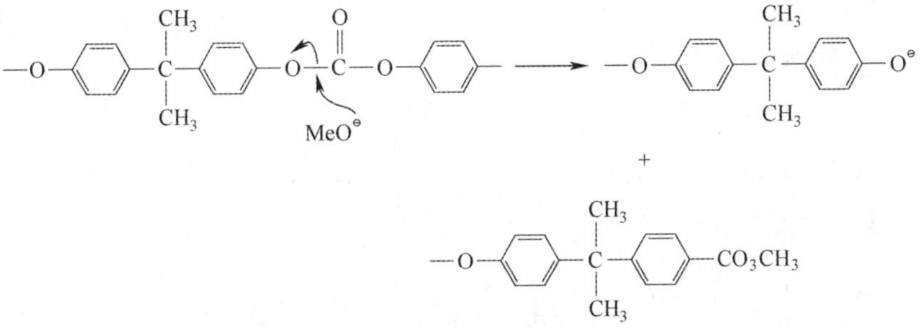

图 7-8 聚碳酸酯在 KOH 甲醇液体中溶剂解导致的主链断裂[3]

聚碳酸酯材料在辐射下主链断裂机理如图 7-9 所示[5]。

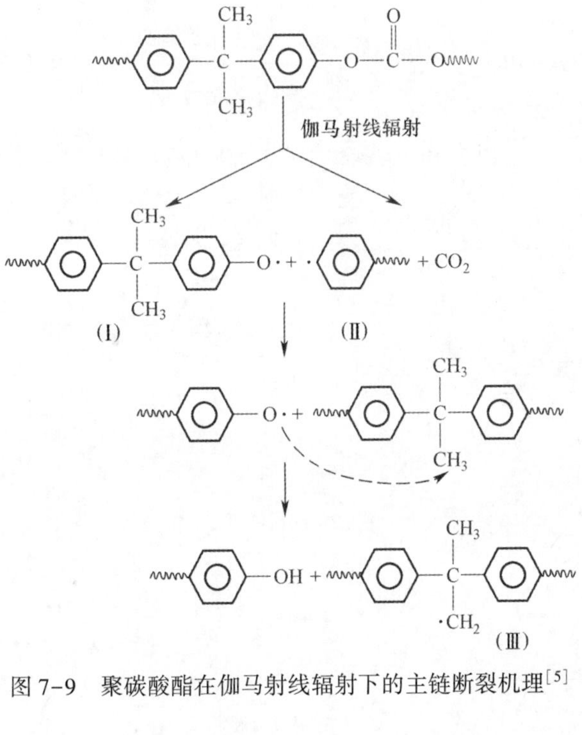

图 7-9 聚碳酸酯在伽马射线辐射下的主链断裂机理[5]

聚碳酸酯在辐射下主链上的酯基断裂,生成双酚 A 基的酚氧原子自由基、苯基自由基和二氧化碳,以及进一步反应生成的双酚 A 基的侧基甲基自由基等产物。

聚碳酸酯材料的热氧老化机理如图 7-10 和图 7-11 所示[12]。

聚碳酸酯材料的光降解机理如图 7-12 和图 7-13 所示[13]。

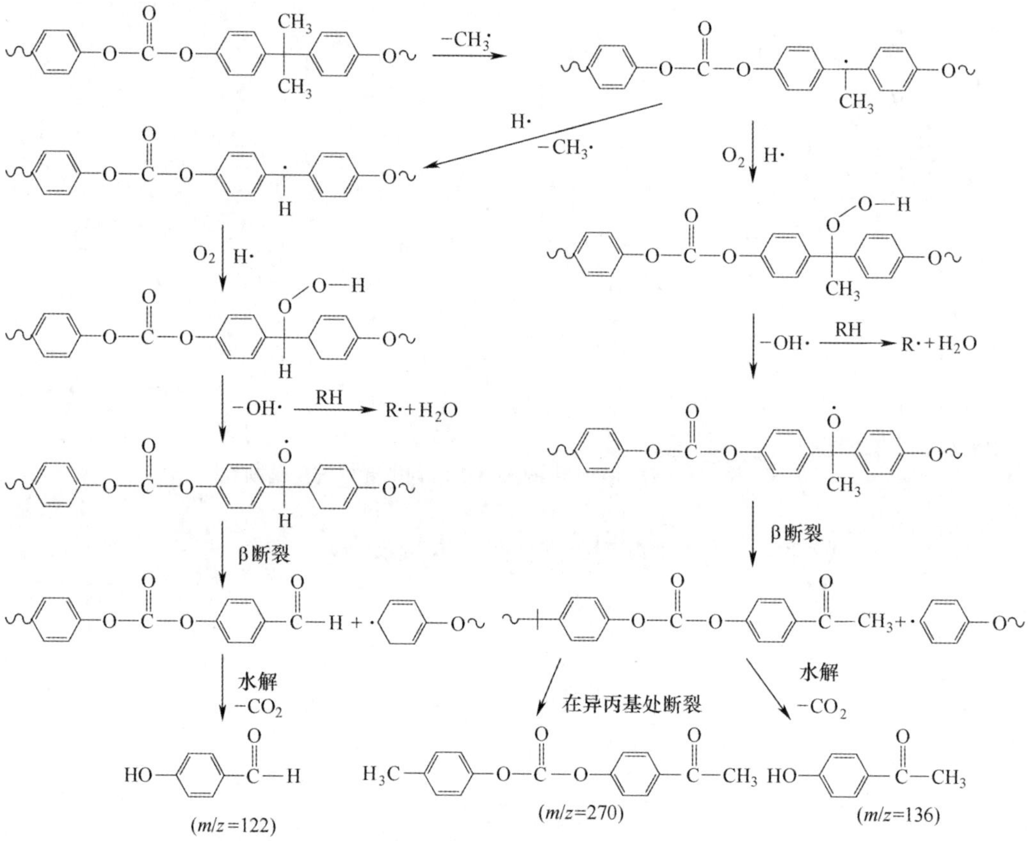

图 7-10 聚碳酸酯的热氧老化机理 I [12]

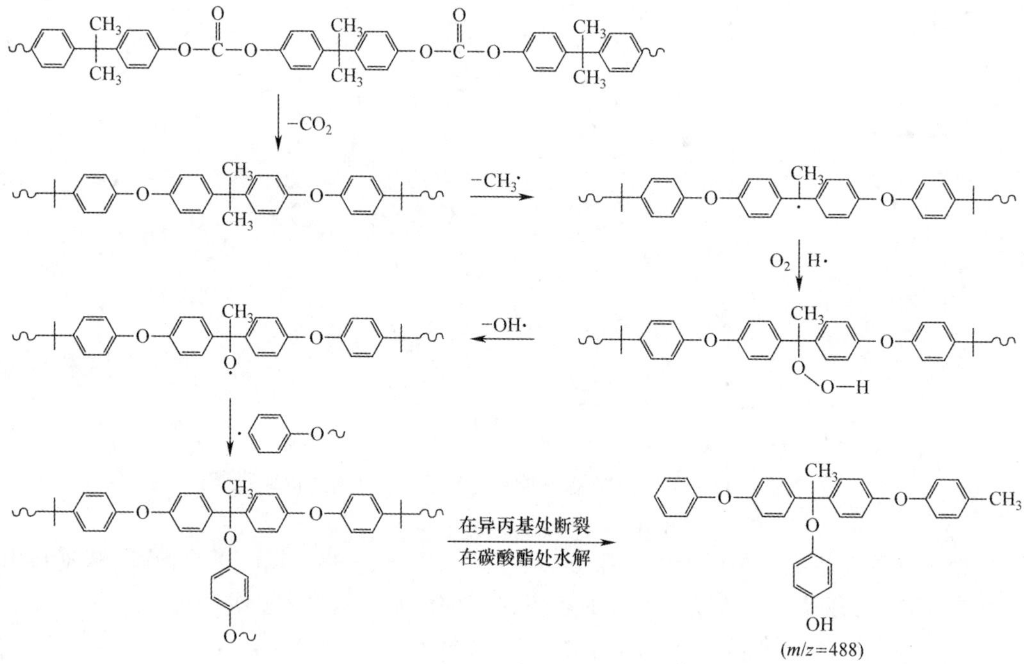

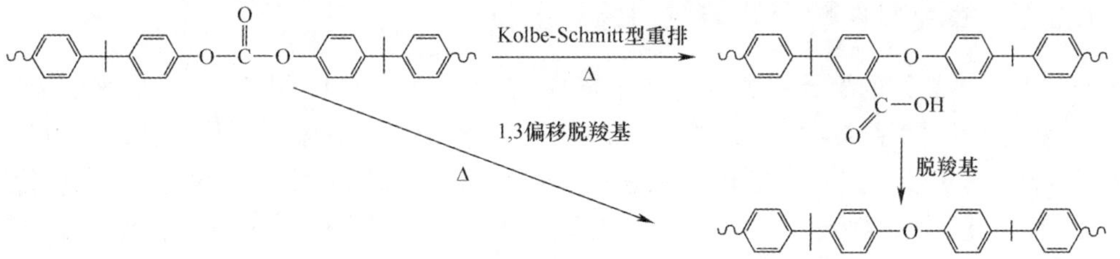

图 7-11 聚碳酸酯的热氧老化机理 II[12]

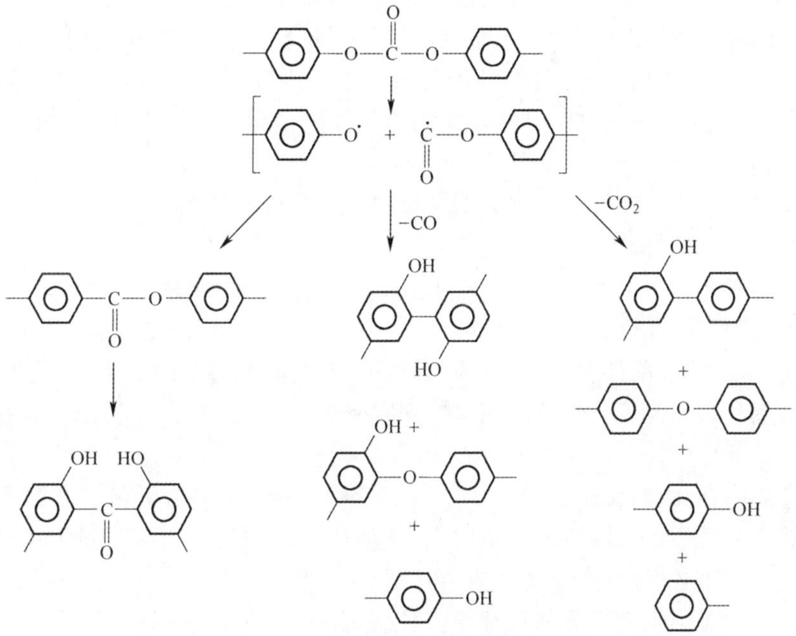

图 7-12 聚碳酸酯片段的降解过程[13]

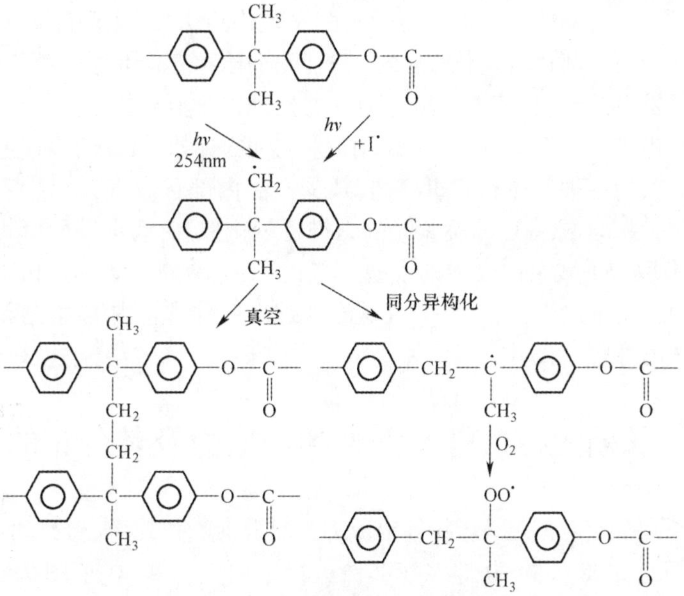

图 7-13 双酚 A 聚碳酸酯片段的降解过程[13]

7.2.3 螺套部件贮存开裂原因综合分析

通过对产生裂纹的聚碳酸酯螺套部件的加工过程与贮存环境等有关影响因素的梳理和分析，将该部件贮存内应力开裂产生的主要原因归纳如下：机械加工过程与装配过程产生的内应力+多年使用与贮存过程的光老化、热氧老化与辐射老化等老化导致的材料性能退化+环境化学气氛所导致的环境应力开裂。据分析，开裂机理一方面可能是指聚碳酸酯材料使用多年中的自然老化所导致的性能减退（内因），另一方面是指小的内应力（内因）与环境化学气氛（外因）共同作用下的环境应力开裂。环境应力开裂的典型特征为高分子材料在小的内应力（远小于材料强度）与一定浓度的有机溶剂气氛（包括液态或气态）的共同作用下出现开裂，螺套部件的开裂情况比较符合这些特征。因为螺套的使用已有多年，其聚碳酸酯材料可能存在相当程度的老化和性能退化。螺套部件贮存开裂原因分析如下。

（1）聚碳酸酯螺套部件在成型加工、机械制造、装配、贮存过程中产生并存在残余应力（内应力）。

（2）聚碳酸酯螺套组件中的 M4 螺钉在产品装配过程中接触下面的部件并旋紧后产生了一个预紧力加载在螺套上，其在螺套部件中的设计意义主要是起防松作用，即将螺套部件固定住，这为螺套部件引入了一个外加装配应力；同时由于插头体与螺套部件之间有聚碳酸酯垫圈和海绵橡胶压紧垫圈两层垫圈紧密隔离，紧定螺钉上方、下方直接处于产品内部释放气体环境中。

（3）产品中存在 H_2、CH_4、CO、CO_2、有机溶剂（包括苯系物、醇、醛、酮、酯等）气氛，与聚碳酸酯螺套部件在机械制造过程残留的内应力与 M4 紧定螺钉装配过程中自然旋紧时产生的内应力相结合，极易产生环境应力开裂。

（4）贮存试验中发现螺套部件开裂，理论分析认为：聚碳酸酯螺套部件贮存开裂一方面是聚碳酸酯材料长期使用与贮存过程中自然老化所导致的性能下降，另一方面是 M4 螺钉自然旋紧对聚碳酸酯螺套部件产生的装配预紧内应力、聚碳酸酯螺套机械制造过程产生的内应力和产品内部材料老化气体和有机溶剂化学气氛环境三者共同作用，在较小的内应力条件下发生的开裂，其中环境应力开裂机理据分析可能为其主要开裂机理。

（5）主要改进措施与努力方向：①采用气体吸收剂，如 5A 分子筛、生石灰干燥剂等吸收产品内部释放的各种气体和有机溶剂，减少产品内部释放气体对螺套部件内应力裂纹尖端的影响；②对 M4 螺钉自然旋紧时的力进行量化控制；③聚碳酸酯螺套部件成型加工（注塑）过程采取减少残余内应力的成型工艺；④聚碳酸酯螺套部件机械制造工艺过程采取减少残余应力的制造工艺；⑤对聚碳酸酯螺套部件进行内应力消除处理；⑥定期更换有问题的聚碳酸酯螺套部件。

7.3 长期贮存对螺套部件的内应力及其分布的影响

为了了解长期贮存对 PC 螺套部件内应力大小及分布的影响，分别对贮存时间为 150 天、300 天、450 天和 600 天的 20 件螺套部件进行了内应力测试，如图 7-14~图 7-16 所示。试样保存在实验室环境下的可密封塑料袋中。

光弹法测试结果(贮存时间分别为 150 天、300 天、450 天、600 天)见图 7-14(a)、(b)、(c)、(d)(选择 1#螺套的光弹测试结果作为该组试验的代表性测试结果,其他螺套光弹图略)。最大内应力及平均内应力变化趋势如图 7-14(e)所示。

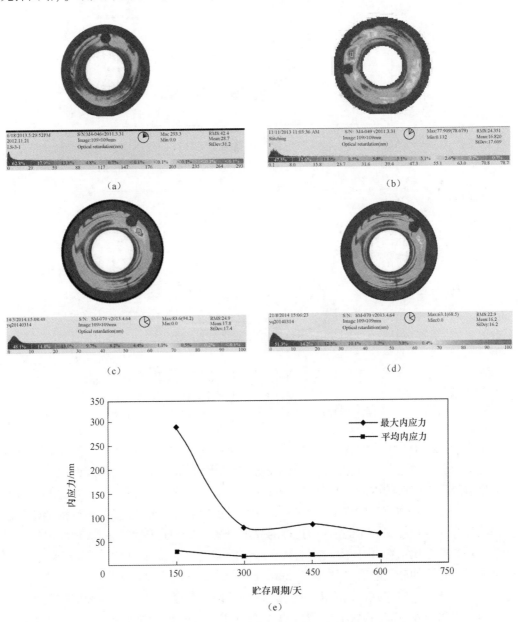

图 7-14　1#螺套贮存 600 天的内应力及其分布(见彩插)
(a)贮存 150 天;(b)贮存 300 天;(c)贮存 450 天;(d)贮存 600 天;(e)1#螺套的内应力及其分布。

由图 7-14(a)中测试的内应力及其分布数据可见,在贮存 150 天之后,聚碳酸酯螺套部件仍存在大小不等、分布不均的内应力,螺套有些局部位置还有较大的内应力(红色部分)。由螺套部件贮存内应力变化的 600 天的总体趋势可以倒推:精加工完成后,螺套内部(螺套部件的初始状态)仍然存在一定分布的较大的加工内应力残留,其初始内应力量

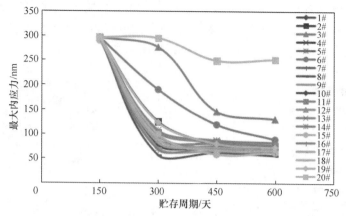

图 7-15　1#~20#螺套贮存 600 天的最大内应力变化趋势(见彩插)

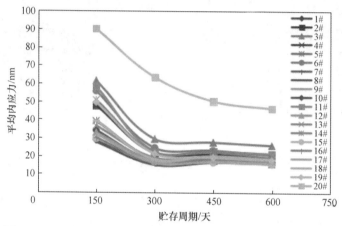

图 7-16　1#~20#螺套贮存 600 天的平均内应力变化趋势(见彩插)

值应不低于贮存 150 天后的内应力的量值。第 20#试样是采用菜籽油表面抛光后测定的内应力,与其他试样相比,其存在广泛分布的较大的内应力(红色),表明表面抛光会给聚碳酸酯螺套带来较大的内应力及分布,建议加工中不要对聚碳酸酯螺套作表面抛光处理。

由图 7-14(b)中测试的内应力及分布数据可见,在贮存 300 天之后,聚碳酸酯螺套部件仍然存在一定程度和分布的内应力,有的局部位置内应力还较大。从螺套部件的内应力变化趋势的对比来看,内应力较小的试样和内应力较大的试样(包括 3#、6#等试样)普遍存在一个共同的变化趋势,即在贮存 300 天后,内应力有较大幅度的降低。

由图 7-14(c)中测试的内应力及分布数据来看,在贮存 450 天之后,聚碳酸酯螺套试样的内应力大小及分布与贮存 300 天时类似。与贮存 300 天的试样相比,经 450 天贮存后,螺套内部的内应力仍有略微降低的趋势。

由图 7-14(d)中测试的内应力及分布数据可见,贮存 600 天之后的聚碳酸酯螺套部件的内应力大小和分布与贮存 450 天的螺套部件相类似。与贮存 450 天的试样相比,贮存 600 天的螺套试样随着贮存时间的延长,试样的内应力略有降低。这表明在没有外加应力的情况下,聚碳酸酯螺套部件的内应力在长期贮存中可能会随时间的推移有所释放和缓慢降低。

由图7-14(e)可见,1#螺套的最大内应力和平均内应力都随贮存时间的增加而呈降低的趋势。

由图7-15、图7-16可见,1#~20#螺套部件的最大内应力和平均内应力在贮存中的总体变化趋势都是在不断降低的,贮存300天时降幅较大,贮存450~600天时内应力仍有缓慢降低。螺套内应力降低的机理可能是应力松弛。螺套内应力的分布在长期贮存中基本不变。

7.4 机械加工过程对螺套部件内应力的引入/去除的影响

本节研究了机械加工过程对螺套部件内应力的引入/去除的影响[14]。

7.4.1 去应力热处理对聚碳酸酯圆片内应力及其分布的影响

对初加工中切削下来的直径与厚度与螺套外形相近的聚碳酸酯圆片(螺套的前体)进行初始内应力测试(记为 σ_1);对上述圆片进行热处理之后,再次进行内应力测试(记为 σ_2),从而了解热处理在多大程度上消除了初始内应力。测试结果见图7-17~图7-21、表7-2和表7-3。

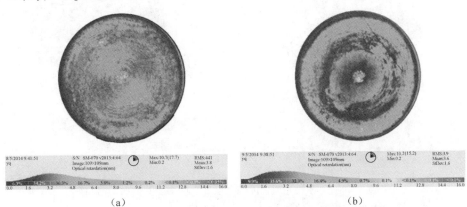

图7-17 1#圆片在热处理之前和之后的内应力及其分布(见彩插)
(a)热处理之前;(b)热处理之后。

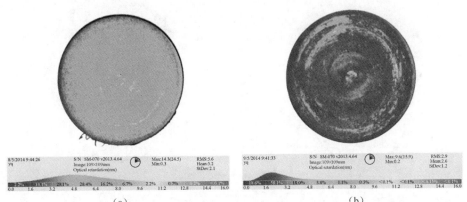

图7-18 2#圆片在热处理之前和之后的内应力及其分布(见彩插)
(a)热处理之前;(b)热处理之后。

图 7-19　3#圆片在热处理之前和之后的内应力及其分布（见彩插）
(a)热处理之前;(b)热处理之后。

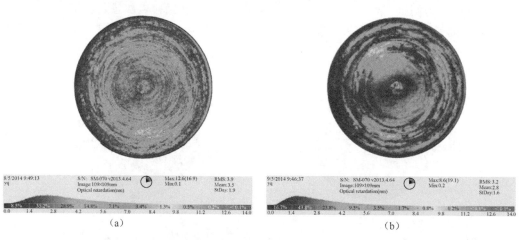

图 7-20　4#圆片在热处理之前和之后的内应力及其分布（见彩插）
(a)热处理之前;(b)热处理之后。

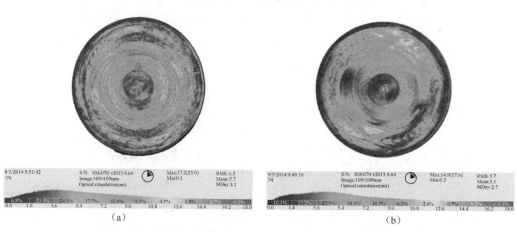

图 7-21　5#圆片在热处理之前和之后的内应力及其分布（见彩插）
(a)热处理之前;(b)热处理之后。

表 7-2　热处理去除的圆片的最大内应力($\sigma_{1m}-\sigma_{2m}$)及其去除百分比(($\sigma_{1m}-\sigma_{2m}$)/σ_{1m})

圆片序号	σ_{1m}/nm	σ_{2m}/nm	$\sigma_{1m}-\sigma_{2m}$/nm	($\sigma_{1m}-\sigma_{2m}$)/σ_{1m}/%
1#	10.7	10.2	0.5	4.7
2#	14.3	9.6	4.7	32.9
3#	8.6	9.9	-1.3	-15.1
4#	12.6	10.5	2.1	16.7
5#	17.2	14.9	2.3	13.4

注：1. σ_{1m}为圆片热处理之前的最大内应力；
　　2. σ_{2m}为圆片热处理之后的最大内应力。

表 7-3　热处理去除的圆片的平均内应力($\sigma_{1a}-\sigma_{2a}$)及其去除百分比(($\sigma_{1a}-\sigma_{2a}$)/σ_{1a})

圆片序号	σ_{1a}/nm	σ_{2a}/nm	$\sigma_{1a}-\sigma_{2a}$/nm	($\sigma_{1a}-\sigma_{2a}$)/σ_{1a}/%
1#	3.8	3.6	0.2	5.3
2#	5.2	2.6	2.6	50
3#	2.8	3.8	-1.0	-35.7
4#	3.5	2.8	0.7	20
5#	5.7	5.1	0.6	10.5

注：1. σ_{1a}为圆片热处理之前的平均内应力；
　　2. σ_{2a}为圆片热处理之后的平均内应力。

由表 7-2、表 7-3 可见，上述圆片在热处理之前有较低的内应力(最大内应力为 8.6~17.2nm)，在热处理之后内应力有所降低(最大内应力为 9.6~14.9nm)。这表明聚碳酸酯棒料本身及切割后的圆片具有较低的内应力，在热处理之后其内应力有一定程度的降低。3#圆片的内应力变化呈现异常，其原因有可能是在热处理过程中受过冲击或跌落。

7.4.2　精加工和去应力热处理对螺套部件的内应力及其分布的影响

上述圆片加工成螺套部件之后，进行内应力测试(记为 σ_3)，以了解精加工过程对内应力产生的影响；对精加工后的螺套部件进行热处理之后，再进行内应力测试(记为 σ_4)，以了解热处理能否进一步消除螺套部件的内应力，同时对螺套部件的外形尺寸是否有不利的影响、对螺套部件的使用是否有不利的影响，以便为决定是否采用热处理消除螺套部件的内应力提供科学依据。测试结果如图 7-22~图 7-26 所示。

(a) (b)

图 7-22　1#螺套在热处理之前和之后的内应力及其分布(见彩插)

(a)热处理之前；(b)热处理之后。

(a) (b)

图 7-23　2#螺套在热处理之前和之后的内应力及其分布(见彩插)

(a)热处理之前；(b)热处理之后。

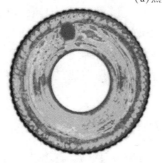

(a) (b)

图 7-24　3#螺套在热处理之前和之后的内应力及其分布(见彩插)

(a)热处理之前；(b)热处理之后。

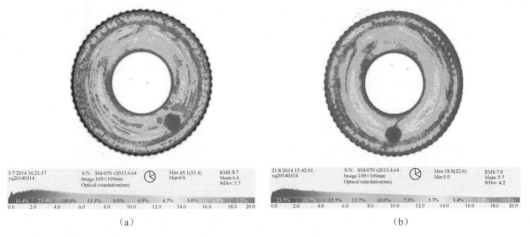

图 7-25　4#螺套在热处理之前和之后的内应力及其分布(见彩插)
(a)热处理之前；(b)热处理之后。

图 7-26　5#螺套在热处理之前和之后的内应力及其分布(见彩插)
(a)热处理之前；(b)热处理之后。

为了考察精加工对螺套内应力的影响，测试了精加工(从圆片加工为螺套)之后螺套的内应力。与先前热处理之后的圆片内应力比较，精加工引入的内应力为螺套热处理之前的内应力与圆片热处理之后的内应力之差。精加工造成的内应力大小及其引入百分比如表7-4、表7-5所列。

表 7-4　精加工引入的最大内应力($\sigma_{3m}-\sigma_{2m}$)及其引入百分比(($\sigma_{3m}-\sigma_{2m}$)/σ_{2m})

螺套序号	σ_{2m}/nm	σ_{3m}/nm	$\sigma_{3m}-\sigma_{2m}$/nm	($\sigma_{3m}-\sigma_{2m}$)/σ_{2m}/%
1#	10.2	27.9	17.7	173.5
2#	9.6	36.5	26.9	280.2
3#	9.9	32.1	22.2	224.2

续表

螺套序号	σ_{2m}/nm	σ_{3m}/nm	$\sigma_{3m}-\sigma_{2m}$/nm	$(\sigma_{3m}-\sigma_{2m})/\sigma_{2m}$/%
4#	10.5	45.1	34.6	329.5
5#	14.9	80.2	65.3	438.3

注:1. σ_{2m} 为圆片热处理后的最大内应力;
  2. σ_{3m} 为螺套精加工后的最大内应力。

表 7-5 精加工引入的平均内应力 $(\sigma_{3a}-\sigma_{2a})$ 及其引入百分比 $((\sigma_{3a}-\sigma_{2a})/\sigma_{2a})$

螺套序号	σ_{2a}/nm	σ_{3a}/nm	$\sigma_{3a}-\sigma_{2a}$/nm	$(\sigma_{3a}-\sigma_{2a})/\sigma_{2a}$/%
1#	3.6	7.0	3.4	94.4
2#	2.6	7.3	4.7	180.8
3#	3.8	6.3	2.5	65.8
4#	2.8	6.6	3.8	135.7
5#	5.1	9.3	4.2	82.4

注:1. σ_{2a} 为圆片热处理后的平均内应力;
  2. σ_{3a} 为螺套精加工后的平均内应力。

由表 7-4、表 7-5 可见,在精加工后螺套部件的最大内应力的增幅在 173.5%~438.3%,平均内应力的增幅在 65.8%~180.8%,这表明精加工会导致螺套的内应力大幅度地增加。

同时,为了考察热处理对螺套内应力的影响,测试了螺套热处理后的内应力,则热处理引入的内应力为螺套热处理之后与热处理之前的内应力之差。精加工后热处理去除的内应力大小及其去除百分比如表 7-6、表 7-7 所列。

表 7-6 热处理去除的螺套的最大内应力 $(\sigma_{3m}-\sigma_{4m})$ 及其去除百分比 $((\sigma_{3m}-\sigma_{4m})/\sigma_{3m})$

螺套序号	σ_{3m}/nm	σ_{4m}/nm	$\sigma_{3m}-\sigma_{4m}$/nm	$(\sigma_{3m}-\sigma_{4m})/\sigma_{3m}$/%
1#	27.9	18.4	9.5	34.1
2#	36.5	19.2	17.3	47.4
3#	32.1	16.8	15.3	47.7
4#	45.1	18.8	26.3	58.3
5#	80.2	33.4	46.8	58.4

注:1. σ_{3m} 为螺套热处理前的最大内应力;
  2. σ_{4m} 为螺套热处理后的最大内应力。

表 7-7 热处理去除的螺套的平均内应力 $(\sigma_{3a}-\sigma_{4a})$ 及其去除百分比 $((\sigma_{3a}-\sigma_{4a})/\sigma_{3a})$

螺套序号	σ_{3a}/nm	σ_{4a}/nm	$\sigma_{3a}-\sigma_{4a}$/nm	$(\sigma_{3a}-\sigma_{4a})/\sigma_{3a}$/%
1#	7.0	5.2	1.8	25.7
2#	7.3	5.6	1.7	23.3
3#	6.3	4.9	1.4	22.2
4#	6.6	5.7	0.9	13.6

续表

螺套序号	σ_{3a}/nm	σ_{4a}/nm	$\sigma_{3a}-\sigma_{4a}$/nm	$(\sigma_{3a}-\sigma_{4a})/\sigma_{3a}$/%
5#	9.3	6.9	2.4	25.8

注：1. σ_{3a}为螺套热处理前的平均内应力；
　　2. σ_{4a}为螺套热处理后的平均内应力。

由表7-6、表7-7可见，经过热处理之后，螺套部件的最大内应力的降幅在34%~58%，平均内应力的降幅在14%~26%。这表明热处理可以较大幅度地降低螺套部件的内应力。

表7-8　热处理之后螺套部件的尺寸情况

螺套序号	外径D_1/mm	外径D_2/mm	在外圆8个位置的厚度d/mm
1#	40.25	40.20	13.001, 13.001, 12.993, 12.991, 13.003, 12.969, 12.993, 12.994
2#	40.07	40.04	13.003, 12.992, 12.979, 12.996, 12.993, 12.981, 12.969, 12.991
3#	39.92	39.90	12.991, 12.976, 12.975, 12.992, 13.002, 12.957, 12.971, 12.999
4#	40.01	39.98	12.990, 12.987, 12.998, 12.998, 12.976, 12.973, 12.995, 13.001
5#	40.21	40.25	12.988, 12.988, 12.976, 12.980, 13.007, 13.005, 12.994, 12.995

由表7-8可见，1#~5#螺套部件在热处理之后的外径尺寸和厚度尺寸经检验均为合格。

5#螺套部件在热处理之后，在干燥的实验室内(50%RH)放置7天后，在螺孔附近出现了4条裂纹。此外，1#~5#螺套部件在热处理后在实验室干燥环境(50%~60%RH)下放置时透明度明显下降，与未经热处理的螺套部件(透明件)相比，存在明显白化现象。这表明热处理可能导致螺套部件明显老化，出现透明度下降和白化现象。虽然热处理可以明显降低螺套部件的内应力，但增加了螺套部件开裂的概率，并导致了白化等明显老化征兆，因此建议不对螺套部件产品进行去应力热处理。

5#螺套部件在拿取试样时不小心跌落地面，导致其内应力比1#~4#部件的内应力高1倍左右，因此应注意在拿取试样时轻拿轻放，不要跌落，避免冲击。

小结：精加工后螺套部件内应力有明显增加，热处理过程明显地降低了5件螺套部件的内应力，但有一件螺套部件在热处理之后在干燥的实验室内放置7天后产生了裂纹。1#~4#螺套的最大内应力从精加工后(热处理之前)的32.8~53.4nm，降低至热处理后的19.6~22.6nm，基本上降低了一半。5#螺套的最大内应力从107nm降低至40.8nm，也降低了一半多。虽然热处理方法可以明显降低螺套部件的内应力，螺套的外观尺寸(外径、平面度)在热处理过程中基本没有变化，经检测均为合格品；但热处理增大了螺套部件局部开裂的概率，而且材料产生了透明度降低和白化等明显老化现象，因此建议不对螺套部件进行去应力热处理。

7.5 环境气氛贮存对螺套组合件的内应力及其分布的影响

通过聚碳酸酯螺套组合件的环境气氛贮存试验[15]，研究环境气氛贮存对聚碳酸酯螺套内应力及分布的影响。

螺套-螺钉-螺栓装配件初始状态及贮存一段时间后的内应力及分布变化情况如下。

初始状态：先将螺栓旋入螺套至旋不动，再旋紧螺钉至接触螺栓并有明显阻力（旋不动）为止，标记初始位置，测无外加应力的初始位置的内应力；然后用螺丝刀沿顺时针方向旋紧90°加载一个小的预紧应力，再测外加应力初始位置的内应力。1#~5#螺套组合件：室温中湿（55%~65%RH）（RTMH）气氛，在正常实验室环境下贮存（抽湿机常开）。6#~10#螺套组合件：室温低湿（40%RH）（RTLH）气氛，在低湿度柜内环境下贮存。11#~15#螺套组合件：较高室温（47℃）高湿（90%RH）（HTHH）气氛，在高低温交变湿热试验箱内环境下贮存。测定结果见图7-27~图7-32。分别选择1#、6#、11#螺套光弹测试结果作为室温中湿、室温低湿、较高温高湿试验的代表性测试结果（其他螺套光弹图略）。

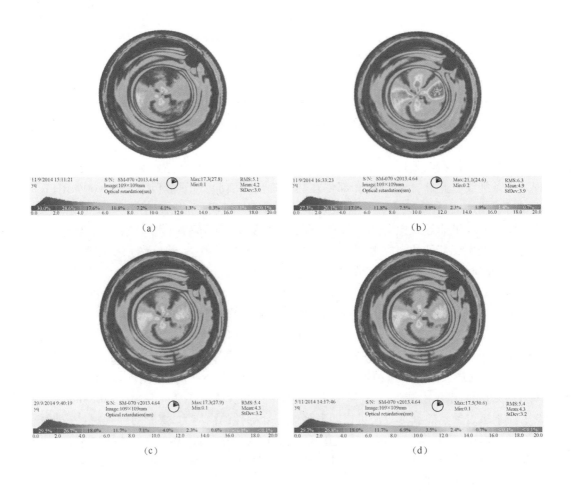

图7-27 室温中湿(RTMH)环境下贮存的螺套组合件(1#)的内应力及其分布(见彩插)

(a)1#螺套初始状态;(b)1#螺套-螺钉旋转90°;
(c)1# RTMH(55%~65%RH)贮存15天;(d)1# RTMH(55%~65%RH)贮存45天;
(e)1# RTMH(55%~65%RH)贮存90天;(f)1# RTMH(55%~65%RH)贮存135天;
(g)1# RTMH(55%~65%RH)贮存180天;(h)1# RTMH(55%~65%RH)贮存225天;
(i)1# RTMH(55%~65%RH)贮存270天;(j)1# RTMH(55%~65%RH)贮存315天。

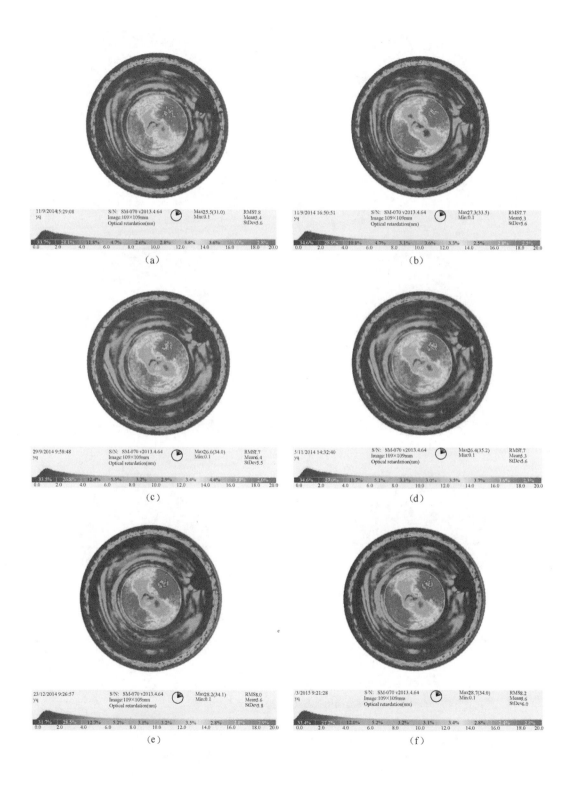

第7章 聚碳酸酯螺套部件贮存开裂的原因及机理

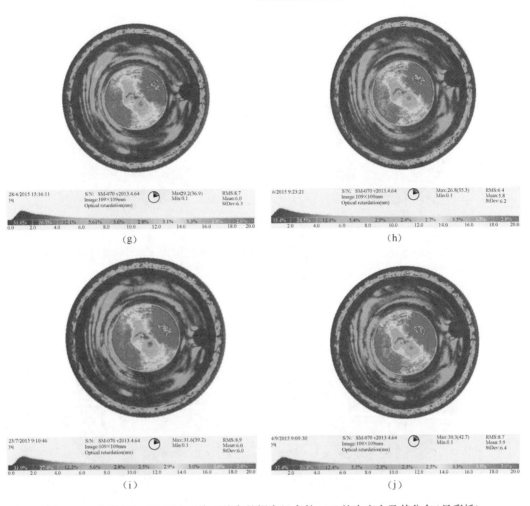

图7-28 室温低湿(RTLH)环境下贮存的螺套组合件(6#)的内应力及其分布(见彩插)
(a)6# 螺套初始状态;(b)6# 螺套-螺钉旋转90°;
(c)6# RTLH(40%RH)贮存15天;(d)6# RTLH(40%RH)贮存45天;
(e)6# RTLH(40%RH)贮存90天;(f)6# RTLH(40%RH)贮存135天;
(g)6# RTLH(40%RH)贮存180天;(h)6# RTLH(40%RH)贮存225天;
(i)6# RTLH(40%RH)贮存270天;(j)6# RTLH(40%RH)贮存315天。

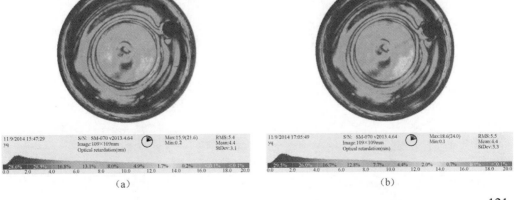

(c)

(e)

(g)

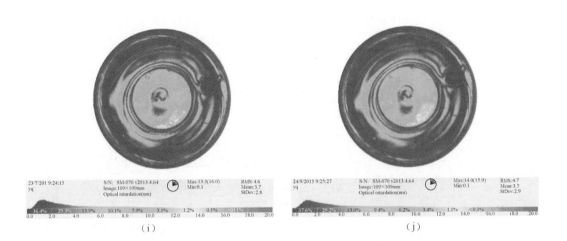

图7-29 较高温高湿(HTHH)环境下贮存的螺套组合件(11#)的内应力及其分布(见彩插)
(a)11# 螺套初始状态;(b)11# 螺套-螺钉旋转90°;
(c)11# HTHH(47℃,90%RH)贮存15天;(d)11# HTHH(47℃,90%RH)贮存45天;
(e)11# HTHH(47℃,90%RH)贮存90天;(f)11# HTHH(47℃,90%RH)贮存135天;
(g)11# HTHH(47℃,90%RH)贮存180天;(h)11# HTHH(47℃,90%RH)贮存225天;
(i)11# HTHH(47℃,90%RH)贮存270天;(j)11# HTHH(47℃,90%RH)贮存315天。

室温低湿(40%RH)试验结果(图7-30):经过315天室温低湿环境气氛贮存后,5套螺套组合件(6#~10#)的最大内应力和平均内应力均略有降低(2套)或基本不变(3套)。

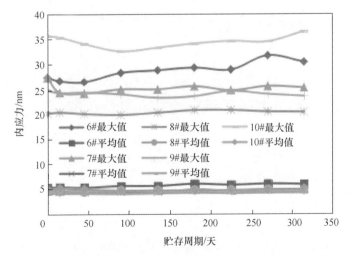

图7-30 室温低湿(40%RH)环境贮存中的内应力变化情况(见彩插)

室温中湿(55%~65%RH)试验结果(图7-31):经过315天室温中湿环境气氛贮存后,5套螺套组合件(1#~5#)的最大内应力和平均内应力均略有降低(4套)或基本不变(1套)。

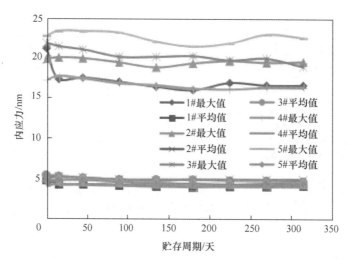

图7-31　室温中湿(55%~65%RH)环境贮存中的内应力变化情况(见彩插)

较高室温高湿(47℃,90%RH)试验结果(图7-32):经过315天较高室温高湿环境气氛贮存后,5套螺套组合件(11#~15#)的最大内应力和平均内应力均有明显下降。

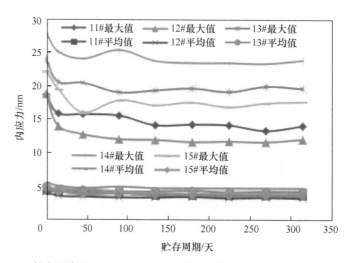

图7-32　较高温高湿(47℃,90%RH)环境贮存中的内应力变化情况(见彩插)

上述结果表明,螺套组合件在室温干燥环境下贮存时内应力基本不变或略有降低,而在较高室温高湿环境下贮存时内应力有明显降低。由图7-30~图7-32可见,在三组贮存试验中,螺套的内应力在室温低湿、室温中湿贮存过程中基本不变,在较高室温高湿贮存过程中有明显降低。

7.6 应力加载对螺套组合件的影响

7.6.1 应力加载贮存对内应力及其分布的影响

对16#~20#螺套组合件进行了应力加载贮存试验[15]。先将螺栓旋入螺套至旋不动,再将紧定螺钉轻轻旋至旋不动位置(无预紧应力初始位置),测试内应力及其分布;然后用螺丝刀将紧定螺钉旋紧90°,测试内应力及其分布;再用螺丝刀将紧定螺钉进一步旋紧90°(共计旋紧180°),测试内应力及其分布。在旋紧180°状态下在较干燥的正常实验室环境(室温中湿,55%~65%RH)进行长期贮存试验,定期检测内应力及其分布。测定结果见图7-33、图7-34。选择16#螺套光弹测试结果作为该组试验的代表性测试结果(其他螺套的光弹图略)。

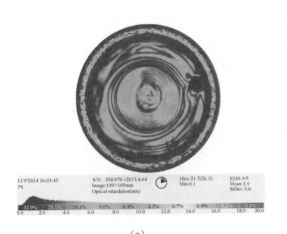
(a)

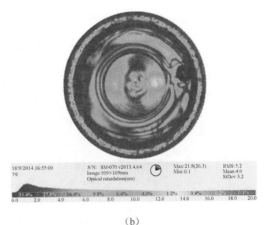
(b)

(c)

(d)

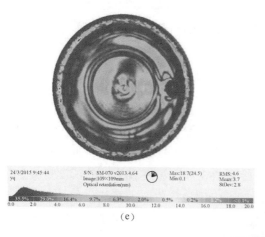
(e)

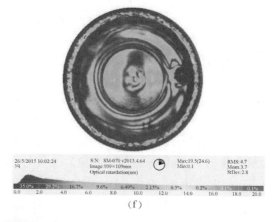
(f)

(g)

图 7-33　聚碳酸酯螺套组合件(16#)的应力加载试验结果(见彩插)
(a)16# 螺套初始状态；(b)16# 螺套-螺钉旋转 180°；
(c)16# 螺套 180°贮存 60 天；(d)16# 螺套 180°贮存 120 天；
(e)16# 螺套 180°贮存 180 天；(f)16# 螺套 180°贮存 240 天；
(g)16# 螺套 180°贮存 300 天。

图 7-34　聚碳酸酯螺套组合件在应力加载贮存试验中的内应力变化情况(见彩插)

由16#~20#螺套组件的应力加载试验结果(图7-33、图7-34)可见,螺套组合件在300天应力加载(螺钉旋紧180°)贮存试验后,最大内应力和平均内应力均略有降低。这表明在长期的应力加载下贮存时,螺套部件的内应力可能会逐渐降低。其内应力降低机理可能属于应力松弛。在应力加载贮存试验中,螺套的内应力分布在贮存过程中基本不变。

7.6.2 步进应力试验与开裂复现试验

对16#~20#螺套组合件进行了实验室环境下的步进应力加载试验和开裂复现试验[16]。先将旋紧180°并且应力加载贮存时间为330天的螺套组合件作为该步进应力试验的初始状态,测试内应力及其分布;再用螺丝刀将紧定螺钉每步旋紧90°,按步进应力加载方法,共计旋紧270°、360°、450°、540°、630°,直至出现大范围开裂的720°,测试每步的内应力及其分布。测定结果见图7-35和图7-36。选择16#螺套的光弹测试结果作为该组试验的代表性结果(其他螺套的光弹图略)。

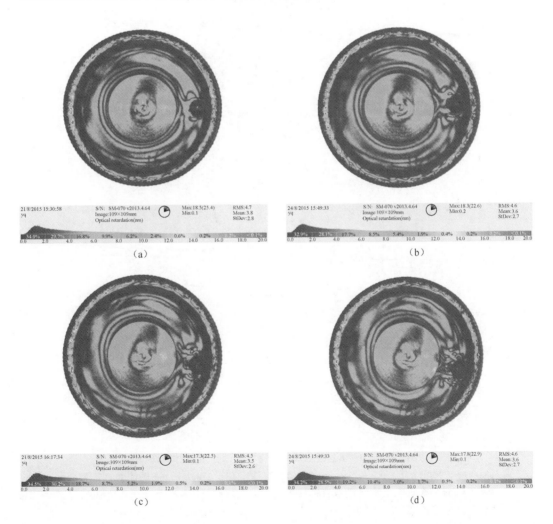

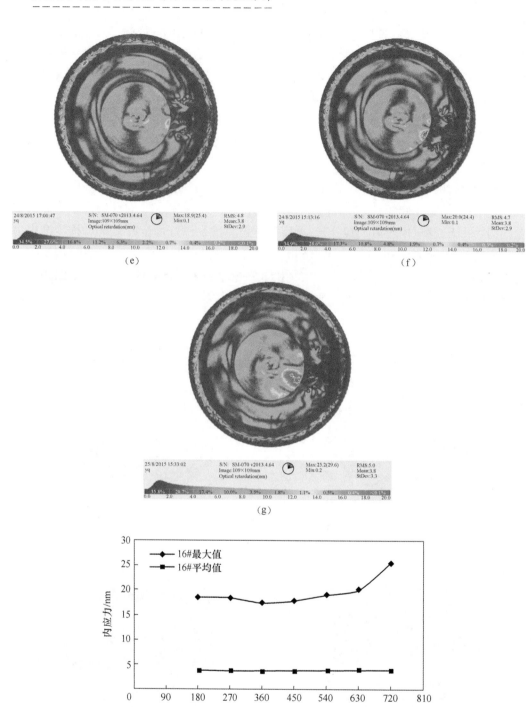

图 7-35　16#螺套组合件的步进应力试验结果（见彩插）

(a) 16# 螺套-螺钉旋转 180°贮存 330 天；(b) 16# 螺套-螺钉旋转 270°；(c) 16# 螺套-螺钉旋转 360°；
(d) 16# 螺套-螺钉旋转 450°；(e) 16# 螺套-螺钉旋转 540°；(f) 16# 螺套-螺钉旋转 630°；
(g) 16# 螺套-螺钉旋转 720°；(h) 16# 螺套在步进应力试验中的最大内应力和平均内应力。

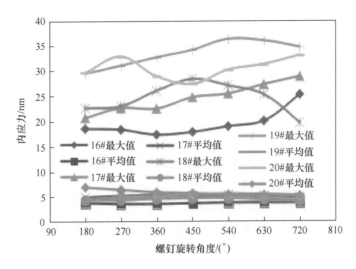

图 7-36 步进应力试验中聚碳酸酯螺套组合件的最大内应力和平均内应力变化情况(见彩插)

由图 7-35 可见,在 16#螺套步进应力试验内应力及分布云图中,我们发现随装配应力(螺钉旋紧角度)的逐步加大,在紧定螺钉周围的内应力条纹及分布图案有逐渐复杂化的趋势,并观察到有应力集中点的存在。在 16#~20#螺套步进应力试验结果趋势图(图 7-36)中,观察到有的螺套的最大内应力呈逐渐增加的趋势,表明随着螺钉旋紧角度的增加,螺套的最大内应力有逐渐增加的趋势;也有的螺套的最大内应力呈先增加后降低的趋势,表明该螺套的最大内应力随着螺钉的旋紧角度的增加而增加,到达某一角度对应的临界值(最大值)后可能出现了裂纹或开裂,释放了部分内应力,反而导致最大内应力有所降低。

在步进应力试验中,当应力加载达到(螺钉旋紧)540°时,观察到 20#螺套内部有反光面,估计可能是裂纹;当应力加载达到 720°时,观察到 16#、17#螺套相继发出开裂的响声,同时观察到其内部均出现与 20#螺套相同的反光面,其中 16#螺套 M4 螺孔附近出现横向裂纹,裂纹长度达到 10mm 左右;17#螺套 M4 螺孔附近出现横向裂纹,裂纹长度达到 14mm 左右;确认 20#螺套内部 M4 螺孔附近的反光面为横向裂纹,裂纹长度达到 20mm 左右,见图 7-37。这表明在大的装配应力作用下,螺套内部的薄弱部位可能直接产生裂纹和开裂现象。

(a)

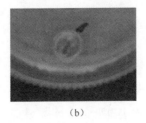
(b)

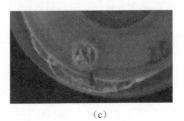
(c)

图 7-37 螺套上的裂纹(亮条纹)
(a)16#;(b)17#;(c)20#。

7.7 螺套加载装配应力后内应力及其分布的数值模拟

从前面的螺套加工后与步进应力试验的应力分布图来看,加工引入的内应力与装配引入的内应力是螺套内应力的两个主要来源,但由于加工工艺过程比较复杂,难以进行数值模拟,而装配过程相对比较简单,适于进行数值模拟,因此我们主要对装配过程(加载装配应力)进行了数值模拟。对于螺套组合件,在装配中当 M4 螺钉用小螺丝刀旋紧后,旋转角度大致相当于旋紧 180°,力矩大致为 1N·m,在 ANSYS 软件中,先建立螺套几何模型(包括二维模型和三维模型),然后将 1N·m 的力矩加载在 M4 螺孔(简化为圆柱形孔)上,螺套内应力分布的数值模拟计算结果见图 7-38 和图 7-39。有关的计算参数包括:聚碳酸酯弹性模量 $E=2400\text{MPa}$,泊松比 $\gamma=0.39$,密度 $d=1.2\text{g/cm}^3$。在前面的步进应力加载的内应力分布测量图中,随着内应力(螺钉旋紧角度)的加大,实测的 M4 螺孔周围的内应力分布条纹逐渐增多并呈复杂化的趋势,在螺孔附近有应力集中点。由图 7-38 和图 7-39 可见,在数值模拟中,螺套二维模型模拟计算结果与三维模型模拟计算结果基本一致,即在 M4 螺孔面上加载力矩后,内应力条纹主要集中在 M4 螺孔周围,在螺孔周围有应力集中点,与螺套内应力分布的实测结果基本一致。同时,由图 7-39 可见,在数值模拟中,在螺套的大圆环面上有一系列的环形分布的应力集中点,与步进应力试验中螺套环形面上的应力分布基本一致。

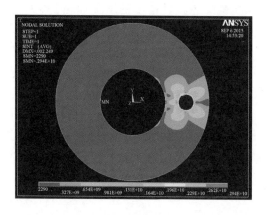 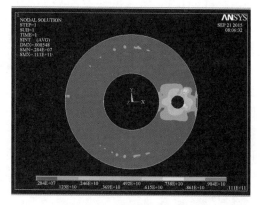

图 7-38 装配应力加载在螺套上之后的内应力及分布的数值模拟结果(二维模型,力矩为 1N·m)(见彩插)

图 7-39 装配应力加载在螺套上之后的内应力及分布的数值模拟结果(三维模型,力矩为 1N·m)(见彩插)

为了更进一步了解螺套在不同装配应力(力矩)下的应力分布情况,我们还模拟计算了力矩为 10N·m(图 7-40)和 100N·m(图 7-41)下的应力分布情况。计算结果表明,这两个装配应力级别的应力分布趋势与 1N·m 的装配应力下的应力分布趋势基本一致。

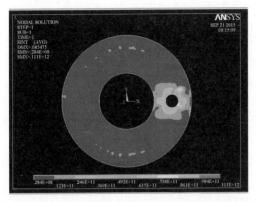
图 7-40 装配应力加载在螺套上之后的内应力及分布的数值模拟结果(三维模型,力矩为 10N·m)(见彩插)

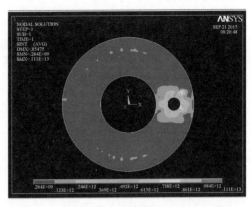
图 7-41 装配应力加载在螺套上之后的内应力及分布的数值模拟结果(三维模型,力矩为 100N·m)(见彩插)

7.8 断口试样的分析表征

为了寻找聚碳酸酯螺套部件开裂的原因,对聚碳酸酯试样断口进行了分析表征,包括 FTIR 光谱分析、拉曼光谱分析、XPS 谱分析和扫描电镜(SEM)分析。表征结果见图 7-42~图 7-46。

7.8.1 FTIR 光谱分析

由图 7-42 可见,聚碳酸酯基体与断口的 FTIR 光谱的特征峰的峰形与峰位基本一致,表明其化学结构基本不变。

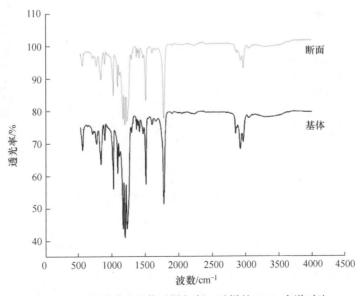

图 7-42 聚碳酸酯基体试样与断口试样的 FTIR 光谱对比

7.8.2 拉曼光谱分析

由图 7-43 可见,聚碳酸酯基体与断口的拉曼光谱的特征峰的峰形与峰位基本一致,表明其化学结构基本不变。

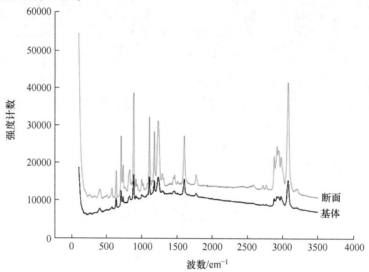

图 7-43　聚碳酸酯基体试样与断口试样的拉曼光谱对比

7.8.3　XPS 谱分析

由图 7-44 可见,聚碳酸酯基体与断口的 XPS 谱的特征峰的峰形与峰位基本一致,表明其表面化学状态基本不变。

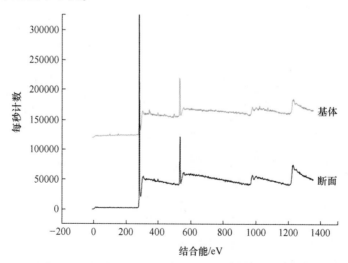

图 7-44　聚碳酸酯基体试样与断口试样的 XPS 谱对比

7.8.4　SEM 分析

由图 7-45 和图 7-46 可见,聚碳酸酯基体表面的加工痕迹可以看得很清楚,而断口表面的断裂源区、放射区等特征也很明显,表明其断裂过程遵循首先从断裂源区开始开裂,然后裂纹逐步扩展至整体逐步撕裂的过程,留下放射状的撕裂条纹。

图 7-45　聚碳酸酯基体表面形貌
(a)聚碳酸酯试样表面(20×);(b)聚碳酸酯试样表面(100×);
(c)聚碳酸酯试样表面(200×)。

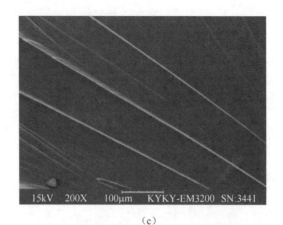
(c)

图 7-46 聚碳酸酯断口表面形貌
(a)聚碳酸酯断口表面(20×);(b)聚碳酸酯断口表面(100×);
(c)聚碳酸酯断口表面(200×)。

7.9 聚碳酸酯螺套开裂的三种机理

从前面的理论分析与试验结果可见,聚碳酸酯螺套出现裂纹有三种主要的机理:①螺套在高应力下(如在步进应力试验中和热(处理)应力作用下)直接在薄弱部位产生裂纹,开裂机理为短时间高应力集中开裂;在产品中由于是使用多年和贮存多年后才产生裂纹的,而且其装配应力并不大,因此不可能是该种机理;②螺套在中等应力下经历长期自然老化和产品贮存时的热氧老化与低剂量率辐射老化后在薄弱部位直接产生裂纹(如试样在无外加应力贮存20个月+应力加载贮存试验中经历10个月仍未开裂,而在产品经历多年自然老化和产品贮存多年后开裂),开裂机理为长期老化性能下降+中等应力集中开裂;③螺套在小应力作用下经历长期自然老化与产品贮存时的热氧老化与低剂量率辐射老化,并在贮存的产品内部化学气氛作用下发生开裂,开裂机理为小应力环境应力开裂。由于产品系统及其内部气氛的复杂性,因此我们认为产品螺套上出现开裂的主要机理应属于机理②或机理③。

7.10 对产品贮存问题的重新梳理和产品有效性分析

对产品贮存问题的重新梳理:"问题现象:在产品贮存过程中发现螺套M4螺孔处产生了裂纹。原因分析:该裂纹产生的原因是该螺套为高分子材料,使用周期较长,同时由于紧定螺钉长期紧定或螺钉与螺孔的螺纹配合较紧使螺孔处于长期应力集中状态,从而使M4螺孔处产生裂纹。"有关产品贮存问题的分析如下:一般的塑料制品在使用数年以后一般都会出现或轻或重的老化现象,聚碳酸酯也不例外,在阳光照射下塑料的老化尤其迅速,如阳台上塑料晾衣架一般在使用3~5年后变得易脆而报废,频繁经历冷热水交替的聚碳酸酯奶瓶的使用寿命也只有3~6年。产品在空气环境中长期贮存,可以导致螺套的长期热氧老化;来自产品内部的长期低剂量率的辐射,可以导致螺套的低剂量率辐射老化。螺套部件经过多年的热氧老化与低剂量率辐射老化,其老化程度可能相当严重并存在一定程度上的脆化,再加上螺套在制造与装配时留下的内应力(虽然在长期贮存时会出现应力松弛现象导致内应力有一定程度的降低),以及贮存试验中产品内部材料老化释放的化学气体环境气氛,三者共同作用,导致了在较低内应力下出现开裂,属于塑料制品的环境应力开裂机制。

产品有效性分析:在试验中,聚碳酸酯螺套试样在经历 600 天的无装配应力贮存(自然老化)加上 300 多天的有装配应力(螺钉旋紧 180°)贮存(应力老化),共计 900 天后均未出现开裂现象,表明聚碳酸酯螺套具有一定的韧性,在一定程度上可以抵抗开裂现象。但拉伸试验表明,聚碳酸酯材料是脆性材料,在拉伸过程中会发生断裂。通过试验确定聚碳酸酯螺套具有大于 2.5 年的贮存寿命。建议在聚碳酸酯螺套批生产时多加工几件备件,一旦在实际应用中螺套出现开裂,就用备件替换开裂的螺套。螺套部件在保存时,最好放置在密封的塑料袋中隔热避光保存,以防光老化和热氧老化导致螺套性能发生劣化。

7.11 小 结

通过对聚碳酸酯螺套部件开裂原因及机理的研究,我们得到了以下结论。

(1) 加工的影响:聚碳酸酯棒料在加工成圆片时会引入较小的内应力,圆片在热处理后内应力会略有降低,螺套精加工会再次引入较大的内应力,后续的热处理会明显降低其内应力。虽然热处理可以消除螺套的部分内应力,但增大了螺套的开裂概率,且易出现材料透明度降低与白化等明显老化征兆,因此建议不对螺套部件进行热处理。

(2) 贮存试验的影响:螺套部件在贮存 450~600 天后,内应力均有所降低。螺套组合件在室温低湿(40%RH)、室温中湿(55%~65%RH)、较高室温高湿(47℃,90%RH)环境气氛贮存后,内应力均不会增加。螺套组合件在 300 天应力加载(螺钉旋紧 180°)贮存试验后,内应力略有降低。螺套组合件在步进应力试验中有 3 件螺套直接产生宏观裂纹,表明较大的装配应力可直接导致裂纹的产生。

(3) 数值模拟结果:螺套加载装配应力后,在 M4 螺孔周围存在较多的内应力条纹,并存在应力集中点,与步进应力试验中加载装配应力后的内应力分布实测结果基本一致。

(4) 分析表征结果:聚碳酸酯试样基体与断面的 FTIR、拉曼、XPS 分析表明,聚碳酸酯材料的化学结构和表面状态在断裂过程中没有发现可检测的变化。聚碳酸酯试样基体与断面的 SEM 分析表明,聚碳酸酯试样由于应力产生了断裂源区(裂纹尖端),断裂源区(裂纹尖端)逐步扩展使材料逐步开裂,留下放射状条纹指示断裂的过程和方向。

(5) 聚碳酸酯螺套的开裂原因及机理:很可能是螺套多年的自然老化加上产品贮存时的热氧老化与低剂量率辐射老化,加上产品加工与装配时产生的内应力,以及产品贮存时内部复杂化学气氛,三者共同作用,产生的较小应力下的开裂,属于环境应力开裂机理。

参 考 文 献

[1] WILKS E S. 工业聚合物手册[M]. 傅志峰,等译. 北京:化学工业出版社,2006.

[2] 陈宁,李碧霞,赵建青. PC部分相容与不相容体系的研究进展[J]. 合成材料老化与应用,2004,33(2):49-52,58.

[3] LEWIS P R. Environmental stress cracking of polycarbonate catheter connectors[J]. Engineering Failure Analysis, 2009, 16:1816-1824.

[4] AL-SAIDI L F, MORTENSEN K, ALMDAL K. Environmental stress cracking resistance. Behavior of polycarbonate in different chemicals by determination of the time-dependence of stress at constant strains[J]. Polymer Degradation and Stability, 2003, 82:451-461.

[5] RAMANI R, ASHALATHA M B, BALRAJ A, et al. Influence of gamma irradiation on the formation of methanol induced micro-cracks in polycarbonate[J]. Journal of Materials Science, 2003, 38:1431-1438.

[6] 尹建伟,黄达成,郭小会,等. PC/ABS合金应力开裂行为研究[J]. 工程塑料应用,2010,38(4):54-57.

[7] 丁春艳,杨振国. 聚碳酸酯薄壁件的分层开裂机制[J]. 高分子材料科学与工程,2008,24(11):115-118.

[8] 江盛玲,华幼卿. 聚碳酸酯耐环境应力开裂性能的研究[J]. 塑料工业,2011,39(5):82-85,112.

[9] 王海涛,吕磊,潘宝荣,等. 热处理对聚碳酸酯环境应力开裂性能的影响[J]. 工程塑料应用,2003,31(12):27-28.

[10] 韩建,韩冬雪,刘春太,等. 注塑工艺对聚碳酸酯制品环境应力开裂行为的影响[J]. 中国塑料,2010,24(4):76-79.

[11] 李海梅,申长雨,徐文莉,等. 塑料制品残余应力的光弹测量和数值模拟[J]. 世界塑料,2006,24(5):26.

[12] JANG B N, WILKIE C A. The thermal degradation of bisphenol A polycarbonate in air[J]. Thermochimica Acta,2005,426:73-84。

[13] WYPHCH G. 材料自然老化手册[M]. 3版. 马艳秋,王仁辉,刘树华,等译. 北京:中国石化出版社,2004:259-263.

[14] YANG Q, LIU J, LI M Z, et al. Effect of mechanical processing on intrinsic stress and its distribution in polycarbonate screw cap[J]. Key Engineering Materials, 2017, 727:471-475.

[15] YANG Q, LIU J, LI M Z, et al. Effect of environmental atmosphere and stress-loading storage on the intrinsic stress and its distribution in polycarbonate screw cap[C]// The Organizing Committee of ICCET 2015. Proceedings of the 2015 5th International Conference on Civil Engineering and Transportation. Paris: Atlantis Press, 2015, 30:1758-1762.

[16] YANG Q, SUN C M, LIU J, et al. Effect of stepping stress on cracking of polycarbonate screw cap[J]. 功能材料,2017,48(12)(增刊):66-69.

第8章 环氧树脂金属黏接件的贮存老化性能

环氧树脂黏接性、耐热性、耐化学药品以及电气性能优良,使该树脂在一般技术领域和高技术领域均获得广泛应用。但环氧树脂的耐候性和韧性较差,这就限制了它的应用,尤其是户外的用途[1]。

环氧树脂金属黏接结构是一种重要黏接结构,为了寻求提高环氧树脂金属黏接结构的贮存可靠性的有效途径和措施,需要进行环氧树脂金属黏接结构件的老化性能研究。温度、湿度、应力、辐射等对黏结剂有比较严重的影响,可使黏结剂聚合物分子断链或交联,使黏接变脆或强度下降。由于贮存和使用条件涉及温湿度、应力及辐射,因此必须对其老化行为进行研究。由于主要起结构作用,其黏接强度必须得到保证,因此必须通过老化试验研究其黏接强度在温湿度、应力及辐射等作用下的变化规律,以便为环氧树脂金属黏接结构件的设计、加工工艺和贮存条件的选择和实施提供必要的依据。

8.1 环氧树脂及黏接件的老化研究进展

本节仅就环氧树脂的老化研究进展进行综述。

8.1.1 环氧树脂的老化过程与老化机理

胺固化的环氧树脂的单元分子式见图 8-1[2]。

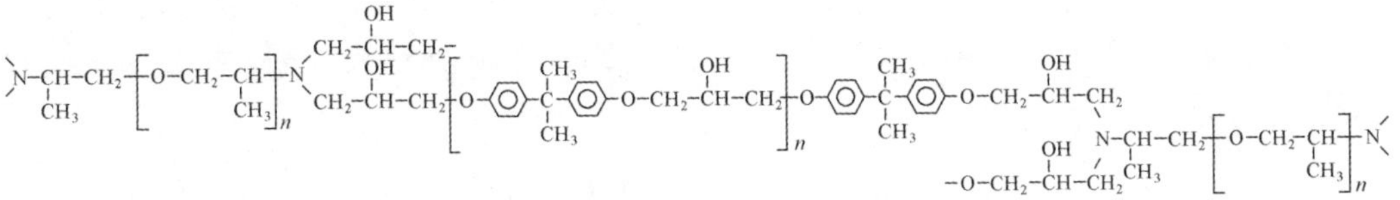

图 8-1 环氧树脂的单元分子式[2]

1. 环氧树脂的老化原因和过程

环氧树脂的老化原因和过程如下[1]。

环氧树脂在其加工、应用和贮存过程中有可能发生变化,即材料的性能劣变,出现泛黄、龟裂、光泽损失、冲击强度及其他力学性能下降,从而影响材料的正常使用和使用寿命。老化的本质是一种化学变化/反应,即以从弱键开始的化学反应(如氧化反应)为起点并引起一系列复杂的反应。这种反应可由多种因素引起,如热、紫外光、机械应力、高能辐射、电场等。老化的结果是环氧树脂材料结构发生变化以及相对分子量下降或交联,最终导致材料性能破坏以至无法使用。

最常见的老化因素是热和紫外光,因为材料从生产、贮存、加工到制品使用的全过程接触最多的就是热和光(紫外光)。

2. 环氧树脂的老化机理

双酚 A 二缩水甘油醚环氧树脂的热解机理见图 8-2[3]。

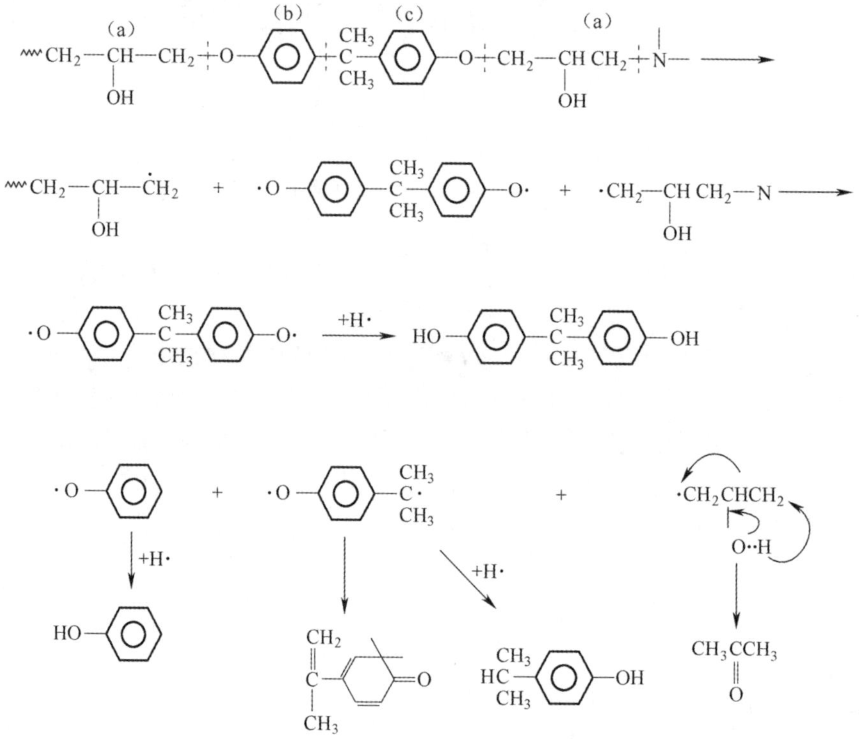

图 8-2 双酚 A 环氧树脂的热解机理[3]

太阳光中的紫外光部分,即波长为 300~400nm 的光可以引起聚合物的降解(光降解);当材料在较高温度下加工或使用时,可以引起聚合物的热降解。一般来说,上述两种降解是同时进行的,尽管该反应十分复杂,但可用下式描述光、热氧化反应的一般机理[1]。

链引发:

$$PH \xrightarrow{\Delta h\nu} P^0 + H^0 \tag{8-1}$$

$$PH + O_2 \xrightarrow{\Delta h\nu} P^0 + HO_2^0 \tag{8-2}$$

链增长:

$$P^0 + O_2 \xrightarrow{\Delta h\nu} PO_2^0 \tag{8-3}$$

$$PO_2^0 + PH \xrightarrow{\Delta h\nu} POOH + PO^0 \tag{8-4}$$

链支化:

$$POOH \xrightarrow{\Delta h\nu} PO^0 + HO^0 \tag{8-5}$$

$$POOH + PH \xrightarrow{\Delta h\nu} PO^0 + P^0 + H_2O \tag{8-6}$$

$$2POOH \xrightarrow{\Delta h\nu} PO^0 + POO^0 + H_2O \tag{8-7}$$

$$PO^0 + PH \xrightarrow{\Delta h\nu} POH + P^0 \tag{8-8}$$

链终止：

$$HO^0 + PH \longrightarrow H_2O + P^0 \tag{8-9}$$

$$2PO_2^0 \longrightarrow POOP + O_2 \tag{8-10}$$

$$2PO_2^0 \longrightarrow PO^0 + PO^0 + O_2 \tag{8-11}$$

$$PO + PO_2^0 \longrightarrow POOP \tag{8-12}$$

$$2P^0 \longrightarrow P-P \tag{8-13}$$

环氧树脂的固化过程相当复杂，加之光氧化和热氧化反应的进行，这就使研究其老化现象更加复杂和困难，因此关于这方面的研究报道较少。

8.1.2 环氧树脂的老化过程的研究方法和耐久性评定方法

环氧树脂老化研究方法与其他塑料老化研究方法相似。一般采用自然老化与人工快速老化相结合，并用表面观察和仪器分析研究化学组成变化。常用的仪器有气相色谱质谱联用仪（GC-MS）、电子能谱仪（ESCA）、傅里叶变换红外光谱仪（FTIR）、扭摆（力）分析仪器、热重分析仪（TG）、差示扫描量热分析仪（DSC）、力学性能测试仪器等[1]。

耐久性评定方法：某些产品贮存寿命可长达几十年，单从使用中取得长期性能的信息过于费时。因此，在实验室中强化的条件下进行加速试验，力求通过短期的试验评定和预测长期的性能是十分必要的。试验可以通过提高载荷、温度、湿度或者结合这些因素来加速[4]。

8.1.3 环境腐蚀对环氧树脂黏接接头的作用

环氧树脂黏接接头在其使用寿命期间会遇到复杂的甚至恶劣的气候和介质环境，这些环境腐蚀对环氧树脂黏接接头的作用如下[4]。

对于金属胶接而言，在大气老化的诸因素中，水是最常见、最普遍也是最危险的因素，它能浸入黏接接头界面而破坏界面，温度和应力则会大大加强它的作用。高剂量的核辐射也是导致老化的主要原因之一，它能导致黏结剂聚合物主链的断裂而使黏接强度下降。至于紫外线辐射，基本上被金属吸收。在一般使用范围内，氧化进程是非常缓慢的。腐蚀性气体液体和霉菌等由于不常见或含量小，影响甚微。因此，在加速或人工老化试验中，主要模拟的环境因素应是温度 T、湿度 H、应力 σ、环境气压 P、时间转换因子 t、静载荷下的使用寿命 t_f。只有找出各环境因素对不同黏结剂的黏接性能影响的一般定量关系，才能做出接近实际的耐久性评价和寿命预测，对已有的各种老化试验结果给出科学的解释。

8.1.4 环氧树脂材料及黏结剂的老化试验现状

环氧树脂材料及黏结剂老化试验研究近期主要开展的工作及进展如下：环氧-胺网络涂层暴露在伽马射线辐射的有氧环境中进行降解，结果发现，环氧体系的氧化随辐射剂量的增加而增加，由辐照引起的改性主要反映在较大的吸水容量上[5]。将三种不同的堆叠顺序的碳-环氧复合材料试样放置在一个气候箱内在70℃和85%RH下湿热老化2100h，对于每种堆叠顺序，观察到在质量上有规则的增加，直到稳定化为止，然后对试样进行冲击,通过超声分析(C扫描)评定损伤,结果发现,由于冲击引起的损伤并未受到老化的大的影响,只是影响了复合材料中损伤的形貌[6]。热固化环氧树脂/酸酐/聚醚砜(PES)共混物体系,经过70℃的蒸馏水中浸泡1周和1个月的水热加速老化后,发现老化材料中存在逐步的分离效应,形成了具有不同交联度的区域,同时在环氧/酸酐体系中存在轮廓分明的微观的PES粒子分布[7]。采用水热测试模拟管道在澳大利亚土壤现场的长期暴露,调查了管道的有机涂层的加速老化行为,发现同未老化试样相比,经过28周老化的试样具有较低的巴氏硬度、较大的电学渗透率和较低的干黏接强度[8]。在真空中老化时,没有发现航空环氧黏结剂的老化存在显著的区别,而在每个等温老化后,对测试结果之间的对比表明温度具有一定的影响,对于处于玻璃态的黏结剂的老化,其交联密度有所增加;而对于橡胶态黏结剂的老化,发现其玻璃化转变严重地减少[9]。玻璃纤维增强的环氧复合材料管道在油井流中所遇到的各种环境条件下进行老化,结果发现,在环氧基体中玻璃纤维在老化中没有碎片化[10]。采用电化学阻抗谱测量研究了机械应力对环氧涂层湿热老化的影响,结果表明,这些应力导致了初始相对渗透率、溶解度和扩散系数的降低,熵的贡献对这些参数的变化发挥了主要的作用,这意味着黏性−弹性外加应力改变了聚合物链的空间分布,VE 应力容许涂层具有更好的位垒效应,并因此推迟了金属基体的腐蚀过程[11]。测定了在不同水热老化周期和温度下玻纤增强的环氧复合材料(GRE)管道的抗压行为,结果发现,水热老化引起树脂和纤维界面的降解,并因此引起复合材料层间强度的降低,基体体系的强度由于基体体系的塑性化而显著降低[12]。单方向亚麻纤维增强的环氧复合材料的水热老化可能由于湿度和温度的协同效应而引起力学性能的降解,结果表明,亚麻纤维的劣化是植物纤维增强复合材料老化的关键因素,这与合成纤维增强的复合材料很不相同,对于后者树脂是支配性因素[13]。在50℃、稳定和波动条件下在蒸馏水和盐水中老化后环氧的试验结果表明,在稳定和波动条件下,在盐水中老化的环氧的平衡吸水量比在蒸馏水中的低,介质和老化条件对拉伸性能和断裂韧度的影响是不显著的,吸收的水显著改善了环氧的断裂韧度[14]。对从柔性或刚性预聚物和硬化剂制备的三种环氧树脂的热氧化行为的研究,证实了基于异佛尔酮二胺(IPDA)硬化剂的环氧网络的脆性与暴露过程开始时经历的链的断裂有关,而基于三氧杂十三烷二胺(TTDA)硬化剂的环氧网络的脆性与交联过程有关,对于两种环氧体系要理解其脆性,唯一的共同特性是 β 转变的幅度随氧化的进行而降低[15]。

为了估计纤维增强的环氧塑料黏接接头在水热环境中的长期性能,对一个玻纤增强的环氧塑料(具有[0/90/45/−45]s 纤维取向)的黏结剂黏接接头进行了加速老化处理,结果发现,老化温度和浸泡时间对 Loctite Hysol-9466 环氧类型黏结剂黏接的接头的加载−位移特征、最大失效载荷和表观失效模式都具有影响[16]。对基于二环氧甘油醚双酚A(DGEBA)树脂和甲基戊烷二胺(DAMP)硬化剂的完全固化的环氧类型的体系,进行了循环湿热老化,结果发现,在第一个吸附过程的两个扩散阶段中水的扩散过程遵循赝 Fick 行为,而在第一个解吸过程中遵循 Fick 行为[17]。

8.1.5 黏接金属接头及有机材料的老化模型

1. 黏接金属接头的温湿度老化模型1

文献[18]给出了一个铝合金黏接接头的包括 H、T、σ、t 四因子的等效关系式:

$$\lg t = \frac{a_1 A}{2.3 a_0 (a_0 + A)} \quad (8-14)$$

式中：$A = a_2 \Delta T + a_3 H + a_4 \sigma$，其中，$a_0$、$a_1$、$a_2$、$a_3$、$a_4$ 为系数，H 为湿度，T 为温度，σ 为应力；t 为时间转换因子。

2. 黏接金属接头的温湿度老化模型2

文献[19]给出了一个铝合金黏接接头的包括 H、T、σ、t_f 四因子的等效关系式：

$$\lg t_f = a_0 + a_1 \lg T + \frac{a_2}{T} + \frac{a_3 \sigma}{T} + a_4 H + a_5 H^2 \quad (8-15)$$

式中：t_f 为静载荷下的使用寿命；T 为温度；H 为湿度；σ 为应力；a_0、a_1、a_2、a_3、a_4、a_5 为系数。

3. 黏接金属接头的加压水解老化模型

根据铝合金黏接接头的多节点剥离试验[19]结果，发现高压锅加速老化 2~4h 与人工湿热老化 1000h 及广东地区老化有对应关系，通过对试验数据进行统计和理论分析的结果，得到以下关系式：

$$\lg t_f = a_0 + a_1 \lg T + \left(\frac{\varepsilon - a_2 H}{2.3R} - \frac{a_3 \sigma}{\sigma_0} \right) / T - \frac{a_4 \sigma}{\sigma_0} - a_5 \lg P \quad (8-16)$$

式中：t_f 为静载荷下的使用寿命；T 为温度；H 为湿度；σ 为应力；σ_0 为初始强度；ε 为活化能；P 为试验环境气压；a_0、a_1、a_2、a_3、a_4、a_5 为系数。

4. 高分子材料电老化与热老化的寿命模型

Darkin 根据电老化和热老化经验公式推出高分子材料的寿命模型[20]：

$$L = c \exp \frac{U - b(E - E_T)}{kT} \quad (8-17)$$

式中：b、c 为常数；U 为老化活化能；E_T 为导致老化的电场强度的阈值；T 为热力学温度。

8.2 环氧树脂金属黏接件的贮存老化性能分析

8.2.1 水浸泡老化试样性能

环氧树脂金属黏接件的水浸泡老化试样的性能如图 8-3 所示。在烧杯底部沉积了一层红棕色铁锈，是由钢件表面生锈产生的，钢件表面发黑，是被水中溶解氧腐蚀的痕迹。

由图 8-3 可见，黏接件的平均剪切强度在 30~60 天水浸泡期间略微下降，但浸泡 90 天的一组试样的平均剪切强度不但未下降反而有所上升。这表明金属环氧树脂黏接件在短时间常温水浸泡时平均剪切强度基本不受影响。由于 90 天那个点为夏天测的结果，环境气温较高，导致黏接件的平均剪切强度略有增加。总的来说，扣除环境温度上升效应，金属环氧树脂黏接件在室温水浸泡时平均剪切强度随浸泡时间增加有轻微下降的趋势。

8.2.2 加压水解老化试样性能

环氧树脂金属黏接件的加压水解老化试样的性能如图 8-4 所示。

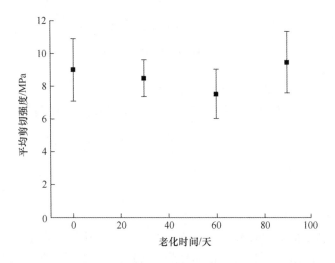

图 8-3　水浸泡老化试样的平均剪切强度

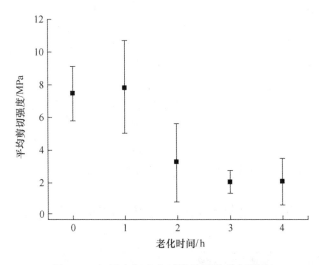

图 8-4　加压水解老化试样的平均剪切强度

由图 8-4 可见,加压水解 1h 时,平均剪切强度未下降,可解释为由于金属环氧树脂黏接件的边界很小而水的扩散速度较小,黏接件内部胶层热交联反应引起的剪切强度的增加作用及水扩散进入胶层与胶层内部分子之间形成氢键产生的溶胀作用而对胶层剪切强度的破坏作用正好相抵消,因而黏接件的强度未下降。而加压水解 2h 时,平均剪切强度大幅度下降,可解释为黏接件内部胶层热交联反应在加热 1h 时已经完成,其所引起的剪切强度的增加作用已达最大值不能再继续增加,而在加压水解超过 1h 时,水扩散进入胶层与胶层内部分子之间形成氢键产生的溶胀作用对胶层剪切强度的破坏在继续增强,并达到大大超过热交联反应引起的强度增加效应的程度,成为优势影响因素,因而平均剪切强度大幅度下降。加压水解 3h 时,平均剪切强度继续下降,可解释为水扩散进入胶层的溶胀作用引起的强度破坏效应在继续占优势地进行。加压水解 4h 时,平均剪切强度与水解3h时基本相同,不再下降,可解释为水的溶胀作用已达到最大程度,对强度的破坏作用已达平衡,因而强度维持在低水平上基本不变。试验结果表明环氧树脂金属黏接件最多能耐1h的高温(116℃)高压(0.1765MPa)的水的侵蚀而强度不明显下降,1h后高温高压水的侵蚀作用将使平均剪切强度迅速下降。

8.2.3 低剂量伽马射线辐射老化试样性能

环氧树脂金属黏接件的低剂量辐射老化试样的性能如图8-5所示。

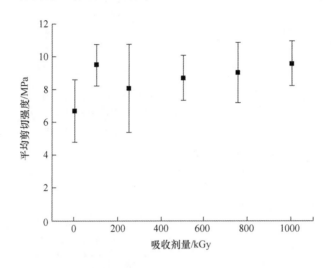

图8-5 低剂量辐射老化试样的平均剪切强度

由图8-5可见,在吸收剂量1000kGy以下,环氧树脂金属黏接件的平均剪切强度不但不下降,反而增加了,平均剪切强度在100~1000kGy基本处于平台状态,可见在吸收剂量1000kGy以下,辐射对环氧树脂金属黏接件的平均剪切强度没有负面影响。由于辐照时只有辐射交联反应和辐射降解反应两种机理,由上述结果可见1000kGy剂量以下辐射交联反应占优势。在试验中可以观察到,拉断后的胶层颜色随剂量的增加而变深,由浅黄色(未辐照)到浅黄褐色(100kGy)、黄褐色(250kGy)、深黄褐色(500kGy)、棕色(750kGy),再到深棕色(1000kGy),可以清晰地分辨出每种剂量对应的胶层。

8.2.4 高剂量伽马射线辐射老化试样性能

环氧树脂金属黏接件的高剂量辐射老化试样的性能如图8-6所示[21]。

由图8-6可见,在3MGy剂量以下,环氧树脂金属黏接件的平均剪切强度不下降,而3MGy以上剂量辐射下试样的平均剪切强度开始下降,5~9MGy剂量下平均剪切强度随吸收剂量的增加逐步下降。3MGy以内辐射交联机理与辐射降解机理相互平衡,超过3MGy的剂量辐射下辐射降解机理占优势。平均剪切强度为5MPa时对应的吸收剂量约为6MGy。

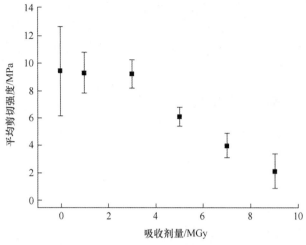

图 8-6 高剂量辐射老化试样的平均剪切强度

8.2.5 高低温循环老化试样性能

环氧树脂金属黏接件的高低温循环老化试样的性能如图 8-7 所示。

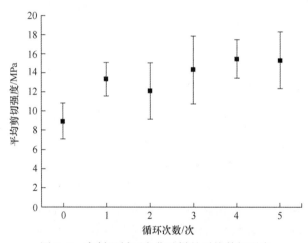

图 8-7 高低温循环老化试样的平均剪切强度

由图 8-7 可见,平均剪切强度随热冲击循环次数增加而增加,其原因很可能是黏接工艺中室温固化 48h 后固化反应仍不完全,热冲击的高温段恒温金属层 100℃,2h,高温低湿,湿度 15%RH 以下)促进了固化反应的进行,使胶层内部、胶层-金属层界面的交联程度得到提高,从而使平均剪切强度得到进一步提高。本项试验表明:-40~100℃的高低温循环(5 次以内)在总体上对环氧树脂金属黏接件的平均剪切强度没有负面影响,高温低湿环境甚至能使环氧树脂金属黏接件的平均剪切强度得到进一步提高。从老化机理来看,热老化分为热裂解和热氧老化两种机理,在本研究中,由于老化温度较低,最高点仅为 100℃,尚达不到环氧树脂热裂解温度(文献值为 200℃以上),因此热裂解机理可以排除。本研究中的热老化机理主要应为热氧老化机理,为高温段 100℃恒温 2h 时高温与空气中氧气联合作用所致的环氧树脂胶层氧化降解,但由于受本研究中黏接件胶层的边界条件所限制,即胶层与空气接触面很小,每个胶层(16×0.2×20 = 64mm³)与空气的接触面仅为 16×0.2×2 = 6.4mm²,胶层其他部位被金属层所包围,氧气向胶层内部的扩散必须经过胶层-空气界面层,小的扩散界面导致小的扩散速度,由于氧气从胶层-空气界面扩散入胶层内部后才能发生热氧老化反应,因此热氧老化反应速度取决于氧气在胶层中的扩散速度,氧气在胶层中扩散速度小导致热氧老化反应速度也小,从试验结果来看,黏接件的平均剪切强度不但不降低反而较大幅度增加,唯一的原因只有一个,即只有当胶层中的交联固化反应的速度远大于胶层的热氧老化速度时,才可能使平均剪切强度增加。因此,胶层的交联固化反应是热冲击(-40~100℃的高低温循环(5次以内))试验中占支配性的机理。

8.2.6 恒温热解老化试样性能

环氧树脂金属黏接件的恒温热解老化试样的性能如图8-8和图8-9所示。

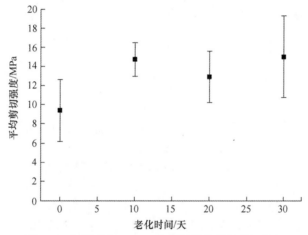

图8-8 恒温热解(60℃)老化试样的平均剪切强度

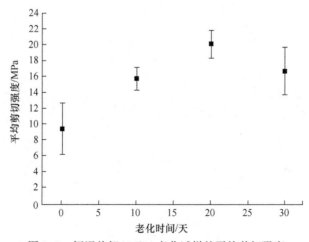

图8-9 恒温热解(80℃)老化试样的平均剪切强度

由图8-8可见,60℃下热老化10~30天时环氧树脂金属黏接件的平均剪切强度不但没有下降,反而上升了,表明热交联机理占优势,热降解机理处于次要地位。

由图 8-9 可见，80℃时热老化 10 天和 20 天时环氧树脂金属黏接件的平均剪切强度随老化时间线性增加，到 20 天时达到极大值，表明在 20 天以内热交联机理占优势，热降解机理不占优势。在老化 20 天以后平均剪切强度开始下降，到老化 30 天时平均剪切强度下降至老化 10 天的强度水平，表明热交联反应已经结束，热降解机理开始占优势。

8.2.7 湿热老化试样性能

环氧树脂金属黏接件的湿热老化试样的性能如图 8-10 所示。

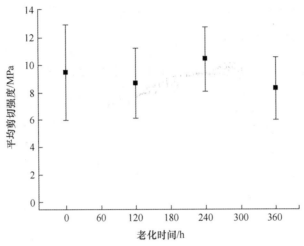

图 8-10 湿热老化试样的平均剪切强度

由图 8-10 可见，湿热老化 120h 时平均剪切强度有轻微下降的趋势，在湿热老化 240h 时平均剪切强度略有增加，360h 时平均剪切强度又略有下降。总体上，湿热环境对环氧树脂金属黏接件的平均剪切强度有轻微的降低作用。

8.2.8 综合老化试样性能

环氧树脂金属黏接件的综合老化试验结果如表 8-1 所列、图 8-11 所示。

表 8-1 综合老化试验的正交表

试验序号	因子与水平				
	温度/℃	湿度/%RH	应力/N	周期/天	平均剪切强度/MPa
1	1(40)	1(60)	1(32.34)	1(15)	10.35
2	1(40)	2(80)	2(64.68)	2(30)	8.83
3	1(40)	3(98)	3(97.02)	3(45)	6.93
4	2(60)	1(60)	2(64.68)	3(45)	10.11
5	2(60)	2(80)	3(97.02)	1(15)	11.08
6	2(60)	3(98)	1(32.34)	2(30)	5.45
7	3(80)	1(60)	3(97.02)	2(30)	5.78
8	3(80)	2(80)	1(32.34)	3(45)	6.25
9	3(80)	3(98)	2(64.68)	1(15)	0.95

续表

试验序号	因子与水平				平均剪切强度/MPa
	温度/℃	湿度/%RH	应力/N	周期/天	
K_1	8.70	8.75	7.35	7.46	—
K_2	8.88	8.72	6.63	6.69	—
K_3	4.33	4.44	7.93	7.76	—
R	4.55	4.31	1.30	1.07	—

四个因子各自的趋势如图 8-11 所示。

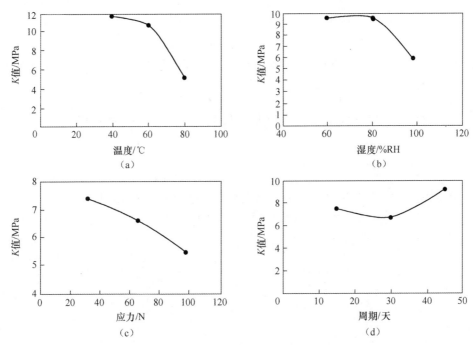

图 8-11 温度、湿度、应力、老化时间的影响趋势
(a)温度的影响;(b)湿度的影响;(c)应力的影响;(d)老化时间的影响。

由图 8-11 可见,环氧树脂金属黏接件在高温、高湿和较大应力联合作用下强度下降最快。温度是平均剪切强度的最主要的影响因子并有较大的影响,湿度对平均剪切强度的影响仅次于温度并接近温度对平均剪切强度的影响程度。外部应力对平均剪切强度的影响较小。其中老化时间对平均剪切强度的影响最小。

8.2.9 常规老化试样性能

环氧树脂金属黏接件的常规老化试样的性能如图 8-12 所示。

由图 8-12 可见,在为期 12 年的长期贮存老化中,虽然平均剪切强度一直保持在 6MPa 以上(均为合格),但平均剪切强度在波动中有逐渐下降的趋势。这表明在长期的常温常湿的空气气氛的贮存中,环氧树脂金属黏接件的黏接胶层在空气中氧气和湿气(水分)的长期联合作用下,逐渐产生了降解,导致了黏接接头强度的降低。同时,黏接接头的平均寿命超过 12 年。

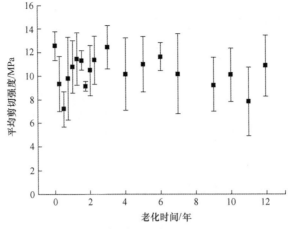

图 8-12 常规老化试样的平均剪切强度

8.3 环氧树脂金属黏接件的贮存老化数学模型

8.3.1 加压水解老化方程

环氧树脂金属黏接件的加压水解老化曲线拟合结果如图 8-13 所示。

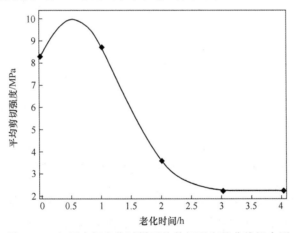

图 8-13 加压水解老化试样平均剪切强度的曲线拟合图

由图 8-13 可见，老化方程的拟合曲线与试验数据能较好地相符，表明加压水解老化方程具有较好的合理性，随老化时间的增加，黏接件的平均剪切强度呈迅速下降趋势。

拟合的加压水解老化方程为

$$\bar{\tau}_b(t) = 7.6827 e^{-\frac{(t-0.5410)^2}{1.2160}} + 2.2404 \tag{8-18}$$

式中：$\bar{\tau}_b(t)$ 为平均剪切强度（MPa）；t 为加压水解时间（h）。

8.3.2 伽马射线辐射老化方程

环氧树脂金属黏接件的辐射老化曲线拟合结果如图 8-14 所示。

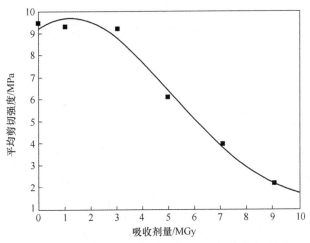

图 8-14　辐射老化试样平均剪切强度的曲线拟合图

环氧树脂金属黏接件的辐射老化方程为

$$\bar{\tau}_b(D) = 8.5915 e^{-\frac{(D-1.2503)^2}{29.0488}} + 1.0998 \tag{8-19}$$

式中：$\bar{\tau}_b(D)$ 为平均剪切强度(MPa)；D 为吸收剂量(MGy)。

该方程残差 SSE = 0.42，是几种拟合方案中残差最小，拟合效果最好的方程。由图 8-14 可见，该辐射老化拟合曲线表明吸收剂量在 3MGy 以内，黏接件的平均剪切强度基本不变，超过 3MGy，平均剪切强度呈迅速下降趋势，与试验数据具有较好的一致性。

8.3.3　常规老化方程

环氧树脂金属黏接件的常规老化曲线拟合结果如图 8-15 和图 8-16 所示。

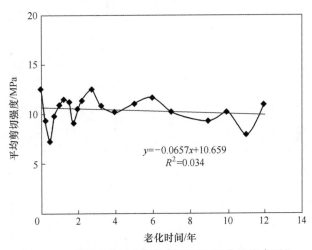

图 8-15　常规老化试样平均剪切强度的曲线拟合图 Ⅰ

采用平均剪切强度的全部数据，由图 8-15 求出常规老化方程：

$$\bar{\tau}_b(t) = -0.0657t + 10.659, \quad R^2 = 0.034 \tag{8-20}$$

式中:$\bar{\tau}_b(t)$ 为平均剪切强度(MPa);t 为老化时间(年)。

只采用年度数据,重作平均剪切强度的趋势图和曲线拟合,如图 8-16 所示。

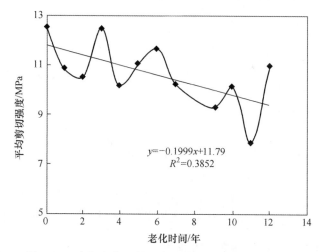

图 8-16　常规老化试样平均剪切强度的曲线拟合图 II

由图 8-16 求得的常规老化方程为

$$\bar{\tau}_b(t) = -0.1999t + 11.79, \quad R^2 = 0.3852 \tag{8-21}$$

由图 8-16 可见,拟合曲线呈逐渐下降趋势,与试验数据随老化时间的增加在波动中呈逐渐下降的趋势具有较好的一致性。

8.3.4　高低温循环老化方程

环氧树脂金属黏接件的高低温循环老化曲线拟合结果如图 8-17 所示。

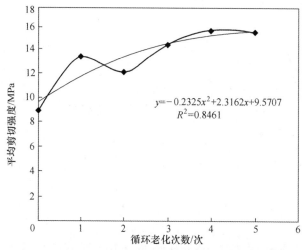

图 8-17　高低温循环老化试验试样平均剪切强度的曲线拟合图

由图 8-17 求出高低温循环老化的方程(在 5 次之内)如下:

$$\bar{\tau}_b(N) = -0.2325N^2 + 2.3162N + 9.5707 \tag{8-22}$$

式中：$\bar{\tau}_b(N)$ 为平均剪切强度(MPa)；N 为循环老化次数(次)。

由图 8-17 可见，拟合曲线随高低温循环次数(5 次以内)的增加呈抛物线增加的趋势，与试验数据变化趋势较好地吻合。

8.3.5 综合老化方程求解与寿命预测

从文献[4]得到温湿度及应力对黏接件的静态寿命的影响的数学模型：

$$\lg t_f = a_0 + a_1 \lg T + \frac{a_2}{T} + \frac{a_3 \sigma}{T} + a_4 H + a_5 H^2 \tag{8-23}$$

式中：t_f 为静载荷下的使用寿命(h)；T 为温度(K)；H 为湿度(%RH)；σ 为应力(N)；a_0，a_1，a_2，a_3，a_4，a_5 为系数。

综合老化的初始点：$\tau_{b0} = (8.95+8.28+7.25+9.43+12.53)/5 = 9.29$(MPa)

假定在每一组恒定的温度 T、湿度 H 和应力 σ 组合状态下，τ_b 随老化时间的增加按线性方式下降，并且将从初始平均剪切强度下降为 0MPa 的时间定义为黏接件的静态寿命 t_f，则平均剪切强度下降幅度为 $\Delta \tau_b = \tau_{b0} - \tau_b = 9.29 - \tau_b$，平均剪切强度下降比例为 $\Delta \tau_b / \tau_{b0}$，静态寿命 $t_f = t$(试验时间)$\times 1/(\Delta \tau_b / \tau_{b0})$，将计算出的 $\Delta \tau_b$ 等填入表 8-2。

表 8-2 建模数据表 A

试验序号	τ_b/MPa	$\Delta \tau_b$/MPa	$\Delta \tau_b / \tau_{b0}$	t_f/h	$\lg t_f$
1	10.35	-1.06	-0.1141	—	—
2	8.83	0.46	0.0495	7272.7	3.8617
3	6.93	2.36	0.2540	2126.0	3.3276
4	10.11	-0.82	-0.0883	—	—
5	11.08	-1.79	-0.1927	—	—
6	5.45	3.84	0.4133	871.0	2.9400
7	5.78	3.51	0.3778	952.9	2.9790
8	6.25	3.04	0.3272	1650.4	3.2176
9	0.95	8.34	0.8977	200.5	2.3021

将因子与水平的数据转化为可代入温湿度老化模型的形式，见表 8-3。

表 8-3 建模数据表 B

试验序号	因子与水平				τ_b/MPa
	T/K	H/%RH	σ/N	t/h	
1	1(313)	1(0.60)	1(32.34)	1(180)	10.35
2	1(313)	2(0.80)	2(64.68)	2(360)	8.83
3	1(313)	3(0.98)	3(97.02)	3(540)	6.93
4	2(333)	1(0.60)	2(64.68)	3(540)	10.11
5	2(333)	2(0.80)	3(97.02)	1(180)	11.08
6	2(333)	3(0.98)	1(32.34)	2(360)	5.45
7	3(353)	1(0.60)	3(97.02)	2(360)	5.78

续表

试验序号	因子与水平				
	T/K	$H/\%RH$	σ/N	t/h	τ_b/MPa
8	3(353)	2(0.80)	1(32.34)	3(540)	6.25
9	3(353)	3(0.98)	2(64.68)	1(180)	0.95

将表 8-2 和表 8-3 中的数据代入温湿度老化模型(式(8-23)),得到下列方程组:

$$3.8617 = a_0 + 2.4955a_1 + 0.003195a_2 + 0.2066a_3 + 0.8a_4 + 0.64a_5 \quad (8-24)$$

$$3.3276 = a_0 + 2.4955a_1 + 0.003195a_2 + 0.3100a_3 + 0.98a_4 + 0.9604a_5 \quad (8-25)$$

$$2.9400 = a_0 + 2.5224a_1 + 0.003003a_2 + 0.09712a_3 + 0.98a_4 + 0.9604a_5 \quad (8-26)$$

$$2.9790 = a_0 + 2.5478a_1 + 0.002833a_2 + 0.2748a_3 + 0.6a_4 + 0.36a_5 \quad (8-27)$$

$$3.2176 = a_0 + 2.5478a_1 + 0.002833a_2 + 0.09161a_3 + 0.8a_4 + 0.64a_5 \quad (8-28)$$

$$2.3021 = a_0 + 2.5478a_1 + 0.002833a_2 + 0.1832a_3 + 0.98a_4 + 0.9604a_5 \quad (8-29)$$

将式(8-24)~式(8-29)六个方程联立求解,得系数 $a_0 \sim a_5$ 分别为

$$a_i = [44.6449; -17.9641; 2.0088; -0.8555; 12.6951; -9.1244]$$

误差 err = [0.097422; -0.093712; -0.007582; 7.1756e-005; -0.097537; 0.10135]

由于 err 是 $\lg t_f$ 的误差,err 微小的误差变动反映到 t_f 都将是较大的变化幅度,因此要求 err 应尽可能地小。综合老化模型应为

$$\lg t_f = 44.6449 - 17.9641 \lg T + 2.0088/T - 0.8555\sigma/T + 12.6951H - 9.1244H^2 \quad (8-30)$$

该模型表明,黏接件的静态寿命受到温度、湿度和应力的影响,其中有三项与温度有关,温度增加时第 2 项(负值变大)、第 3 项(正值变小)、第 4 项(负值变小)均发生变化,综合的结果导致计算的静态寿命降低;有一项与应力有关,应力增加时第 4 项变得更负,导致计算的静态寿命降低;有两项与湿度有关,湿度的影响呈抛物线方式,湿度增加时第 5 项增加而第 6 项负值变大,静态寿命总的趋势是先增后降。

由于静态寿命 t_f 是用外推法求得,因此存在一定误差,该温湿度老化模型还有改进的余地。如果能用直接法求得静态寿命 t_f,则可以使老化模型更精确,但直接法需要较长的时间,本研究由于时间的限制,没有足够的时间采用直接法,因此只能采用外推法求静态寿命,求解出一个初步的老化模型,使老化模型更精确则需要进一步的试验与研究。

用综合老化模型式(8-30)计算下列条件下环氧树脂金属黏接件的寿命,结果见表 8-4。

表 8-4 模型预测结果

$T/℃(K)$	$H/\%RH$	σ/N	$t_f/h(年)$
20(293)	80	0	44990(5.14)
20(293)	60	0	46659(5.33)
20(293)	50	0	25299(2.89)
20(293)	40	0	9012(1.03)

续表

$T/℃(K)$	$H/\%RH$	σ/N	t_f/h(年)
25(298)	60	0	34421(3.93)
25(298)	50	0	18663(2.13)
40(313)	60	0	14236(1.63)
60(333)	60	0	4675(0.53)

从综合老化模型及其预测结果可见,温度因子既可提高静态寿命,又可降低静态寿命,因此应将温度保持在一定的范围内;应力因子只能降低静态寿命,因此应尽可能消除应力;湿度因子过高和过低均不好,应将湿度保持在60%RH左右,有利于延长黏接件的静态寿命。对于环氧树脂类高分子化合物而言,既存在热降解或辐射降解效应,又存在热交联或辐射交联效应。由于该综合老化模型只考虑了温湿度及应力对环氧树脂黏接件强度的老化降解效应(表8-2中$\Delta\tau_b>0$的六个试验),而没有考虑热交联引起的强度增加效应(表8-2中$\Delta\tau_b<0$的三个试验),因此该模型有一定的局限性。为了修正热交联效应对老化模型的影响,进行了下面的修正。

热交联效应对模型的修正:上面提到没有热交联效应时初始强度为9.29MPa。而由恒温热解(60℃恒温热解和80℃恒温热解)试验可知,热交联效应相当于提高了黏接件的初始强度,60℃的干热环境的热交联效应相当于将初始强度由9.29MPa提高到14~15MPa,80℃的干热环境的热交联效应相当于将初始强度提高到16~20MPa。为了探索更好的模型,我们还对建模过程的初始强度进行修正,进行了第二轮模型求解,计算数据见表8-5,求解的模型见式(8-42),拟合误差见图8-18,预测寿命见表8-6。

表8-5 建模数据表C

试验序号	τ_{b0}/MPa	τ_b/MPa	$\Delta\tau_b$/MPa	$\Delta\tau_b/\tau_{b0}$	t_f/h	$\lg t_f$
1	10.35	10.35	0	—	—	—
2	10.35	8.83	1.52	0.1469	2450.6	3.3893
3	10.35	6.93	3.42	0.3304	1634.4	3.2134
4	14.0	10.11	3.89	0.2779	1943.1	3.2885
5	14.0	11.08	2.92	0.2086	862.9	2.9360
6	14.0	5.45	8.55	0.6107	589.5	2.7705
7	20.0	5.78	14.22	0.711	506.3	2.7044
8	20.0	6.25	13.75	0.6875	785.5	2.8951
9	20.0	0.95	19.05	0.9525	189.0	2.2765

$$3.3893 = a_0 + 2.4955a_1 + 0.003195a_2 + 0.2066a_3 + 0.8a_4 + 0.64a_5 \quad (8-31)$$

$$3.2134 = a_0 + 2.4955a_1 + 0.003195a_2 + 0.3100a_3 + 0.98a_4 + 0.9604a_5 \quad (8-32)$$

$$3.2885 = a_0 + 2.5224a_1 + 0.003003a_2 + 0.1942a_3 + 0.60a_4 + 0.36a_5 \quad (8-33)$$

$$2.9360 = a_0 + 2.5224a_1 + 0.003003a_2 + 0.2914a_3 + 0.80a_4 + 0.64a_5 \quad (8-34)$$

$$2.7705 = a_0 + 2.5224a_1 + 0.003003a_2 + 0.09712a_3 + 0.98a_4 + 0.9604a_5$$

$$(8-35)$$

$$2.7044 = a_0 + 2.5478a_1 + 0.002833a_2 + 0.2748a_3 + 0.6a_4 + 0.36a_5 \quad (8-36)$$
$$2.8951 = a_0 + 2.5478a_1 + 0.002833a_2 + 0.09161a_3 + 0.8a_4 + 0.64a_5 \quad (8-37)$$
$$2.2765 = a_0 + 2.5478a_1 + 0.002833a_2 + 0.1832a_3 + 0.98a_4 + 0.9604a_5 \quad (8-38)$$

联立方程(8-31)~方程(8-38),求解结果 a_0-a_5:

$$a_i = [-88.2292; 28.3987; 6504.06; -1.0297; 2.1473; -2.2044]$$

拟合误差见图8-18。

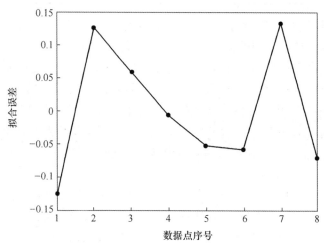

图8-18 8个数据的曲线拟合误差

第二轮综合老化模型如下:

$$\lg t_f = -88.2292 + 28.3987\lg T + \frac{6504.06}{T} - \frac{1.0297\sigma}{T} + 2.1473H - 2.2044H^2 \quad (8-39)$$

采用式(8-39)的预测结果见表8-6。

表8-6 第二轮模型预测结果

T/℃(K)	H/%RH	σ/N	t_f/h(年)
20(293)	80	0	21558(2.46)
20(293)	60	0	33220(3.79)

由表8-6可见,该综合老化模型预测的结果还是偏低。由于存在三个初始强度(分别对应三个试验温度),因此初始强度修正可能是有问题的,可能为寿命计算引入了更大的误差。

目前的常规老化试验周期为12年,表明黏接件的实际寿命至少有12年,大于综合老化模型预测的寿命数据。其原因据分析可能有以下几点:①在综合老化模型的第一次求解过程中(只考虑降解效应),由于有三个试验点的平均剪切强度下降比例为负值(平均剪切强度在老化过程中不降反而增加了),模型在求解过程中舍弃了平均剪切强度大于10MPa的三个试验点,这可能增大了模型求解过程中的误差,使求解出的寿命远低于实际情况。而在第二次求解过程中,虽然考虑了初始强度修正(同时考虑了降解效应和热交联效应),但获得的模型的拟合误差仍然偏大,导致预测的寿命偏低,表明降解效应和热交联效应同时存在对寿命具有较为复杂的影响,该模型目前仍然不适合做寿命预测。②试样的实际平均剪切强度存在较大的分散性,以至于综合老化试验的初始点强度估计过低,给模型的求解引入了较大的误差。③综合老化试验中温度和湿度之间可能并非正交关系,而是存在相互影响的关系,比如联合作用的关系,这可能导致正交试验失去有效性,使模型计算的结果产生较大的误差。④由于热交联效应,初始强度事实上是随温度的升高而升高的,由于初始强度不恒定,因此增加了模型求解的难度,并可能为寿命的计算引入新的误差。

8.4 小　　结

通过对环氧树脂金属黏接件的贮存老化的研究,获得了下面的结论。

(1) 黏接件在室温长期水浸泡条件下性能有轻微下降。黏接件最多能耐 1h 高温(116℃)高压(0.1765MPa)水的侵蚀。

(2) 环氧树脂金属黏接件可耐 3MGy 剂量的辐照而强度不下降,超出 3MGy 后试样的平均剪切强度随吸收剂量增加呈线性下降趋势。

(3) 环氧树脂金属黏接件耐-40~100℃的高低温循环(5 次循环以内)性能良好。耐 60℃下热老化 30 天性能良好;耐 80℃时热老化 20 天性能良好,超出 20 天以后平均剪切强度开始下降。

(4) 黏接件耐湿热环境(40℃,98%RH)老化性能良好。黏接件不耐高温、高湿和较大应力的联合作用。温度可增强平均剪切强度,同时增强湿度的破坏效应,是主要的影响因子并有较复杂的影响;湿度对平均剪切强度的影响仅次于温度对平均剪切强度的影响,主要起破坏作用。应力对平均剪切强度的影响较小,主要也是起破坏作用。建立的综合老化模型是一个初步的老化模型,模型验证和使老化模型更精确则需要进一步的理论与试验研究。

(5) 由为期 12 年的常规老化试验结果可见,黏接件的平均剪切强度在波动中有轻微下降的趋势,但都在 6MPa 以上,表明黏接件实际寿命大于 12 年。

参 考 文 献

[1] 丁著明,吴良义,范华,等. 环氧树脂的稳定化(Ⅰ)环氧树脂的老化研究进展[J]. 热固性树脂, 2001,16(5):34-36.
[2] MAILHOT B, MORLAT-THERIAS S, OUAHIOUNE M, et al. Study of the degradation of an epoxy/amine resin, 1 photo- and thermo-chemical mechanisms[J]. Macromolecular Chemistry and Physics, 2005, 206:575-584.
[3] DENQ B L, CHIU W Y, LIN K F, et al. Thermal degradation behavior of epoxy resin blended with propyl ester phosphazene[J]. Journal of Applied Polymer Science, 2001, 81:1161-1174.
[4] 郭忠信,胡凌云,陈福升,等. 铝合金结构胶接[M]. 北京:国防工业出版社,1993.
[5] QUEIROZ D P R, FRAISSE F, FAYOLLE B, et al. Radiochemical ageing of epoxy coating for nuclear

plants[J]. Radiation Physics and Chemistry, 2010, 79:362-364.

[6] MOKHTAR H, SICOT O, ROUSSEAU J, et al. The influence of ageing on the impact damage of carbon epoxy composites[J]. Procedia Engineering, 2011, 10:2615-2620.

[7] ALESSI S, CONDURUTA D, PITARRESI G, et al. Accelerated ageing due to moisture absorption of thermally cured epoxy resin/polyethersulphone blends. Thermal, mechanical and morphological behavior[J]. Polymer Degradation and Stability, 2011, 96:642-648.

[8] GAMBOA E, CONIGLIO N, KURJI R, et al. Hydrothermal ageing of X65 steel specimens coated with 100% solids epoxy[J]. Progress in Organic Coatings, 2013, 76:1505-1510.

[9] CAUSSE N, DANTRAS E, TONON C, et al. Environmental ageing of aerospace epoxy adhesive in bonded assembly configuration[J]. Journal of Thermal Analysis and Calorimetry, 2013, 114:621-628.

[10] AL-SAMHAN M, AL-ENEZI S. Ageing studies of glass-reinforced epoxy pipes in oil well streams under the harsh environments[J]. International Journal of Plastic Technology, 2014, 18(1):113-124.

[11] DANG D N, PERAUDEAU B, COHENDOZ S, et al. Effect of mechanical stresses on epoxy coating ageing approached by electrochemical impedance spectroscopy measurements[J]. Electrochimica Acta, 2014, 124:80-89.

[12] FTRIAH S N, MAJID M S A, DAUD R, et al. The effects of hydrothermal ageing on the crushing behavior of glass/epoxy composite pipes[J]. Materials Science Forum, 2015, 819:411-416.

[13] LI Y, XUE B, Hydrothermal ageing mechanisms of unidirectional flax fabric reinforced epoxy composites[J]. Polymer Degradation and Stability, 2016, 126:144-158.

[14] SUGIMAN S, PUTRA I K P, SETYAWAN P D. Effects of the media and ageing condition on the tensile properties and fracture toughness of epoxy resin[J]. Polymer Degradation and Stability, 2016, 134:311-321.

[15] ERNAULT E, RICHAUD E, FAYOLLE B. Origin of epoxies embrittlement during oxidative ageing[J]. Polymer Testing, 2017, 63:448-454.

[16] SOYKOK I F. Degradation of single lap adhesively bonded composite joints due to hot water ageing[J]. The Journal of Adhesion, 2017, 93(5):357-374.

[17] BOUVET G, COHENDOZ S, FEAUGAS X, et al. Microstructural reorganization in model epoxy network during cyclic hygrothermal ageing[J]. Polymer, 2017, 122:1-11.

[18] ROMANKO J, LIECHTI K M. Integrated methodology for adhesive bonded joints life prediction[R]. AD, 1983:13.

[19] 郭忠信. 多节点剥离强度试验[J]. 国际航空, 1985(5):22.

[20] 李吉晓, 张冶文, 夏钟福, 等. 空间电荷在聚合物老化和击穿过程中的作用[J]. 科学通报, 2000, 45(23):2469-2475.

[21] 杨强, 袁明康, 李明珍, 等. γ辐照对环氧树脂金属粘接件力学性能的影响[J]. 辐射研究与辐射工艺学报, 2005, 23(6):371-372.

内 容 简 介

本书是作者及其研究团队在十余年的有机高分子材料老化研究中所获得的主要研究成果的归纳和总结,系统论述了典型有机高分子材料在贮存过程中的老化性能变化情况,其中包括聚碳酸酯的辐射老化,聚砜的辐射老化,有机玻璃的辐射老化,聚碳酸酯、聚砜与有机玻璃的贮存老化性能,聚碳酸酯螺套部件贮存开裂原因及机理,环氧树脂金属黏接件的贮存老化性能等。其内容对促进国防、航天等领域有机高分子材料老化数据积累、老化失效行为与规律研究和高分子材料工程安全应用都具有重要意义。

本书对从事有机高分子材料老化工作的科研人员和工程技术人员具有参考意义,还可作为高等院校相关专业高年级本科生及研究生的参考书。

This book is a summary of the main research results obtained by the authors and their research team in the research on the ageing of organic polymer materials for more than ten years. It systematically discusses the ageing properties of typical organic polymer materials during storage, including radiation ageing of polycarbonate, polysulfone, poly(methyl methacrylate), storage ageing properites of polycarbonate, polysulfone and poly(methyl methacrylate), storage cracking causes and mechanisms of polycarbonate screw sleeve parts, storage ageing properties of epoxy resin metal bonded parts, etc. Its content is of great significance to promote the accumulation of ageing data of organic polymer materials, the study of ageing failure behavior and law, and the safe application of polymer materials in engineering in national defense, aerospace and other fields.

This book has reference significance for researchers and engineers engaged in the ageing of organic polymer materials, and can also be used as a reference book for senior undergraduates and postgraduates of related majors in universities.

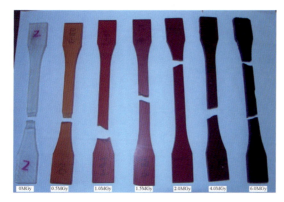 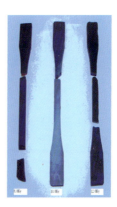

图 3-13　高剂量率辐射下聚碳酸酯试样的外观形貌变化情况
试样的吸收剂量从左到右分别为 0MGy、0.5MGy、1.0MGy、1.5MGy、
2.0MGy、4.0MGy、6.0MGy、8.0MGy、10.0MGy、12.0MGy。

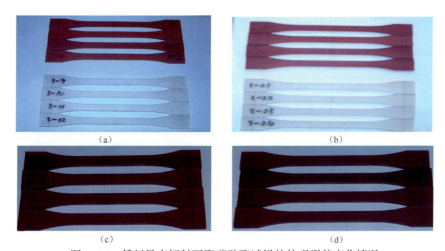

图 3-14　低剂量率辐射下聚碳酸酯试样的外观形貌变化情况
(a)PC,上面 4 个,5Gy/min+0.5MGy；(b)PC,上面 4 个,5Gy/min+1.0MGy；
(c)PC,5Gy/min+1.0MGy；(d)PC,5Gy/min+1.5MGy。
图(a)、(b)中上面一组 4 个试样是低剂量率辐射后的老化试样,
下面一组 4 个试样是用作对比的未辐射的常规老化平行试样。

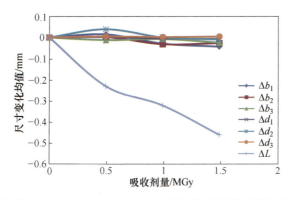

图 3-15　低剂量率(5Gy/min+0.5~1.5MGy)辐射下聚碳酸酯试样的结构尺寸变化情况

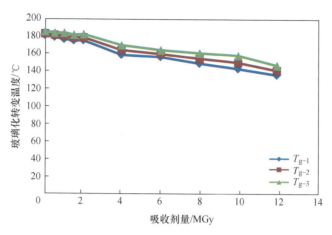

图 4-11 聚砜辐射老化试样的玻璃化转变温度测试结果

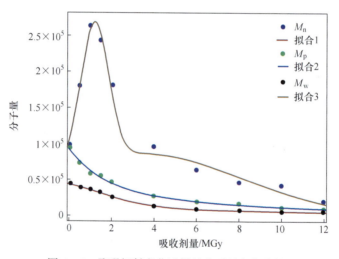

图 4-13 聚砜辐射老化试样的分子量变化趋势

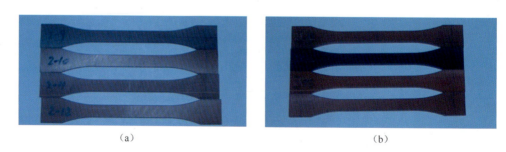

图 4-19 聚砜外观形貌 I
(a)未辐照试样；(b)5Gy/min+0.5MGy 试样。

彩 2

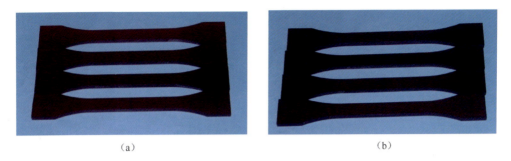

(a) (b)

图 4-20 聚砜外观形貌 Ⅱ

(a)5Gy/min+1.0MGy 试样;(b)5Gy/min+1.5MGy 试样。

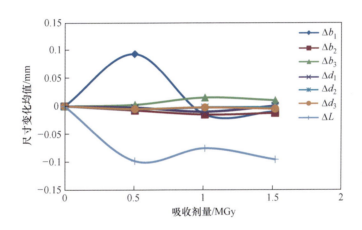

图 4-21 低剂量率(5Gy/min)辐射下聚砜老化试样的结构尺寸变化情况

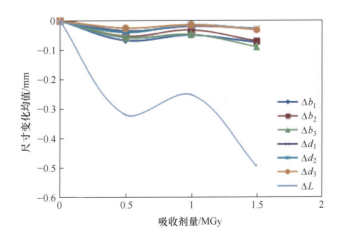

图 5-5 高剂量率辐射下有机玻璃老化试样的结构尺寸变化趋势

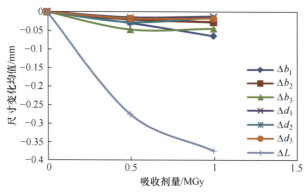

图 5-6 低剂量率辐射下有机玻璃的结构尺寸变化趋势

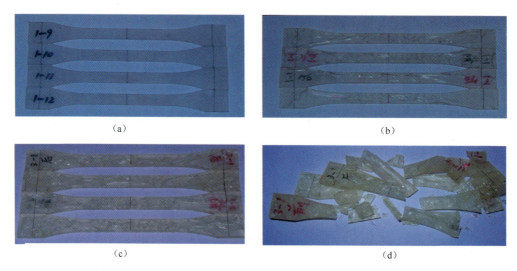

图 5-7 低剂量率(5Gy/min)辐射下有机玻璃老化试样的外观形貌
(a)0MGy;(b)0.5MGy;(c)1.0MGy;(d)1.5MGy。

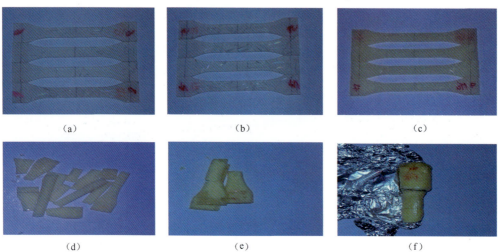

图 5-8 高剂量率(100Gy/min)辐射下有机玻璃老化试样的外观形貌
(a)0.5MGy;(b)1.0MGy;(c)1.5MGy;(d)2.0MGy;(e)4.0MGy;(f)6.0MGy。

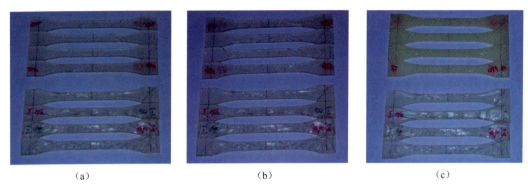

（a） （b） （c）

图 5-9 高、低剂量率辐射下有机玻璃老化试样外观形貌的对比

上面 4 个试样：在 100Gy/min 辐照下，吸收剂量分别为（a）0.5MGy、(b)1.0MGy、(c)1.5MGy。
下面 4 个试样：在 5Gy/min 辐照下，吸收剂量为 0.5MGy。图中试样上的亮条纹均为裂纹。

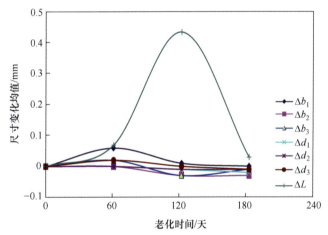

图 6-49 370N 级模拟应力老化的有机玻璃试样的尺寸变化均值

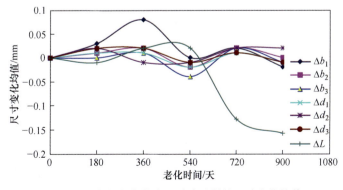

图 6-52 常规老化的有机玻璃试样的尺寸变化均值

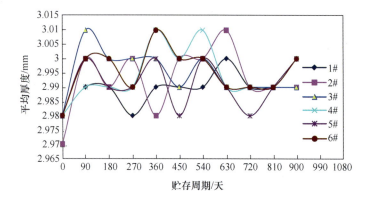

图 6-55 有机玻璃圆片的平均厚度在贮存平行试验中的变化趋势

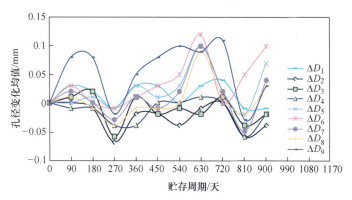

图 6-62 贮存平行试验中聚碳酸酯压盖的孔径变化均值

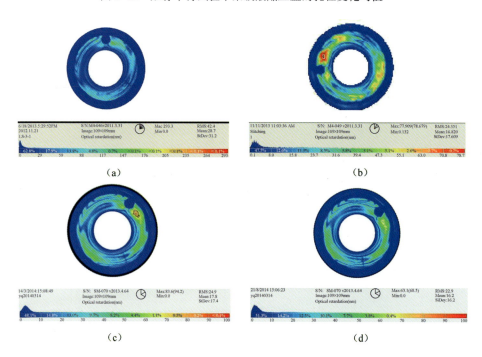

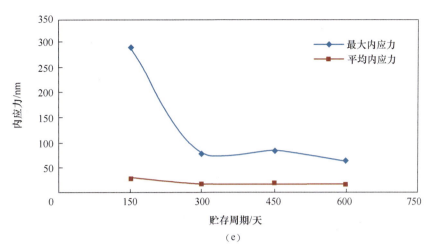

(e)

图 7-14 1#螺套贮存 600 天的内应力及其分布

(a)贮存 150 天;(b)贮存 300 天;(c)贮存 450 天;(d)贮存 600 天;(e) 1#螺套的内应力及其分布。

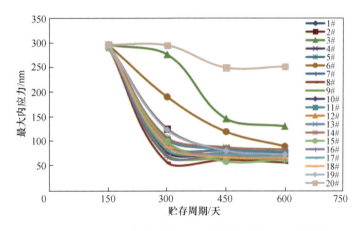

图 7-15 1#~20#螺套贮存 600 天的最大内应力变化趋势

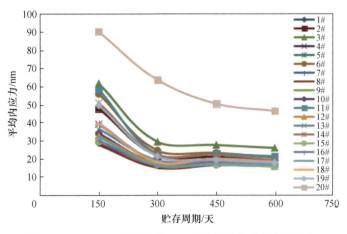

图 7-16 1#~20#螺套贮存 600 天的平均内应力变化趋势

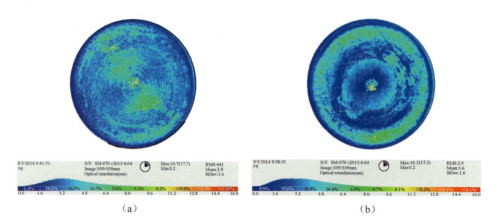

图 7-17 1#圆片在热处理之前和之后的内应力及其分布
(a)热处理之前;(b)热处理之后。

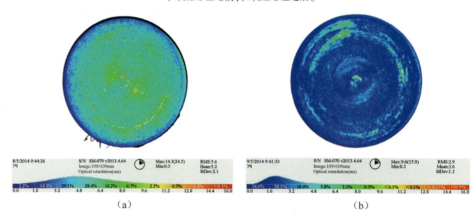

图 7-18 2#圆片在热处理之前和之后的内应力及其分布
(a)热处理之前;(b)热处理之后。

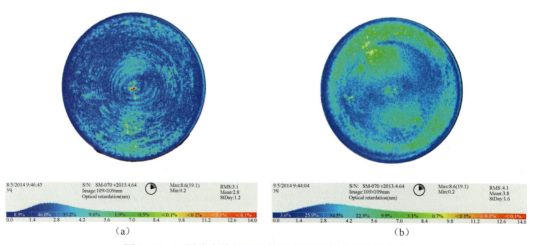

图 7-19 3#圆片在热处理之前和之后的内应力及其分布
(a)热处理之前;(b)热处理之后。

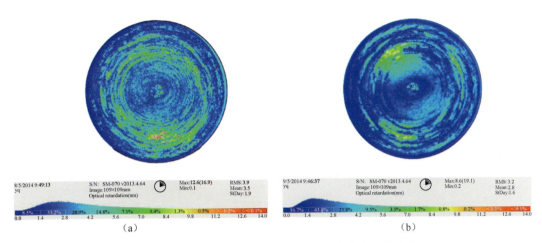

图 7-20 4#圆片在热处理之前和之后的内应力及其分布
(a)热处理之前;(b)热处理之后。

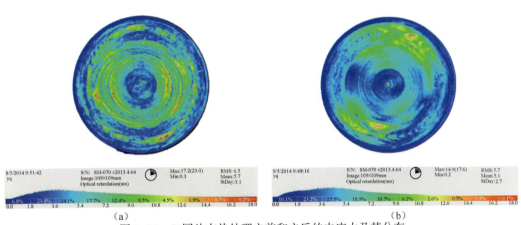

图 7-21 5#圆片在热处理之前和之后的内应力及其分布
(a)热处理之前;(b)热处理之后。

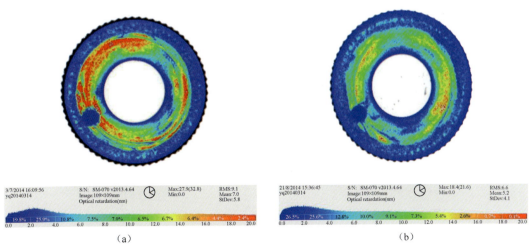

图 7-22 1#螺套在热处理之前和之后的内应力及其分布
(a)热处理之前;(b)热处理之后。

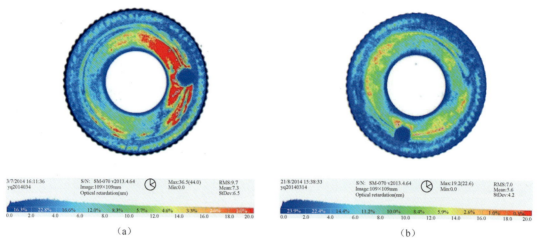

图 7-23　2#螺套在热处理之前和之后的内应力及其分布
(a)热处理之前；(b)热处理之后。

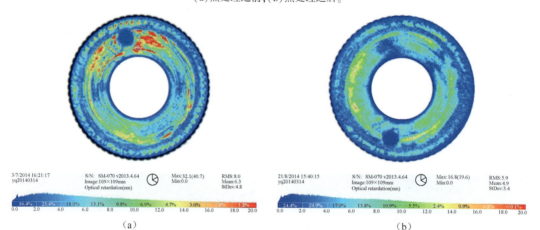

图 7-24　3#螺套在热处理之前和之后的内应力及其分布
(a)热处理之前；(b)热处理之后。

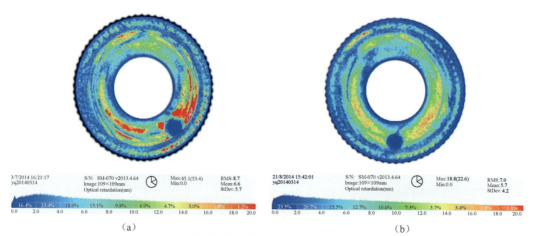

图 7-25　4#螺套在热处理之前和之后的内应力及其分布
(a)热处理之前；(b)热处理之后。

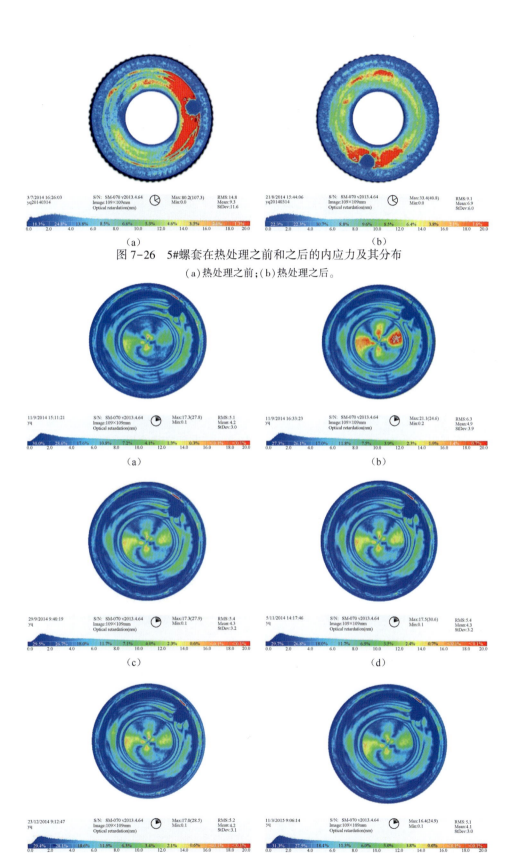

图 7-26　5#螺套在热处理之前和之后的内应力及其分布

(a)热处理之前；(b)热处理之后。

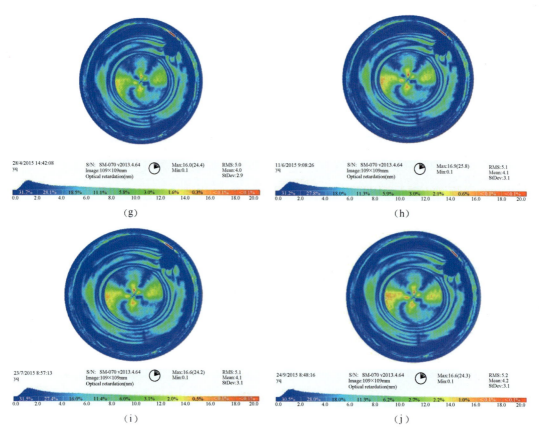

图 7-27 室温中湿(RTMH)环境下贮存的螺套组合件(1#)的内应力及其分布
(a)1#螺套初始状态;(b)1#螺套-螺钉旋转 90°;
(c)1#RTMH(55%~65%RH)贮存 15 天;(d)1#RTMH(55%~65%RH)贮存 45 天;
(e)1#RTMH(55%~65%RH)贮存 90 天;(f)1#RTMH(55%~65%RH)贮存 135 天;
(g)1#RTMH(55%~65%RH)贮存 180 天;(h)1#RTMH(55%~65%RH)贮存 225 天;
(i)1#RTMH(55%~65%RH)贮存 270 天;(j)1#RTMH(55%~65%RH)贮存 315 天。

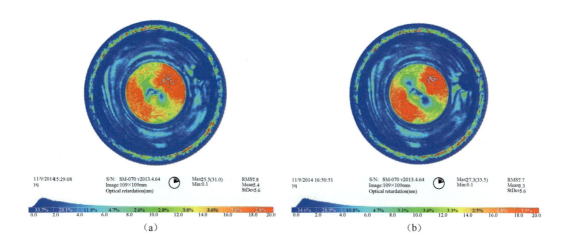

彩 12

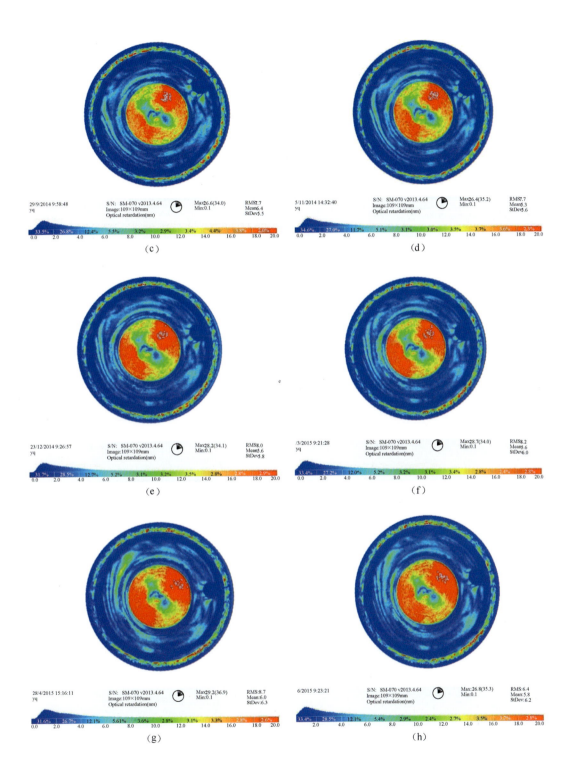

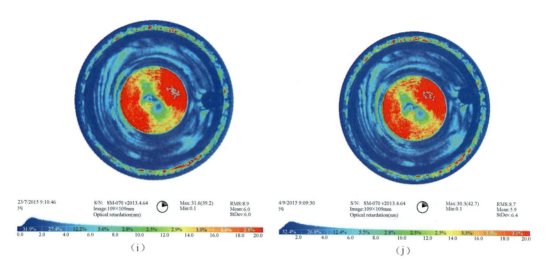

图 7-28　室温低湿(RTLH)环境下贮存的螺套组合件(6#)的内应力及其分布

(a)6#螺套初始状态；(b)6#螺套-螺钉旋转 90°；
(c)6#RTLH(40%RH)贮存 15 天；(d)6#RTLH(40%RH)贮存 45 天；
(e)6#RTLH(40%RH)贮存 90 天；(f)6#RTLH(40%RH)贮存 135 天；
(g)6#RTLH(40%RH)贮存 180 天；(h)6#RTLH(40%RH)贮存 225 天；
(i)6#RTLH(40%RH)贮存 270 天；(j)6#RTLH(40%RH)贮存 315 天。

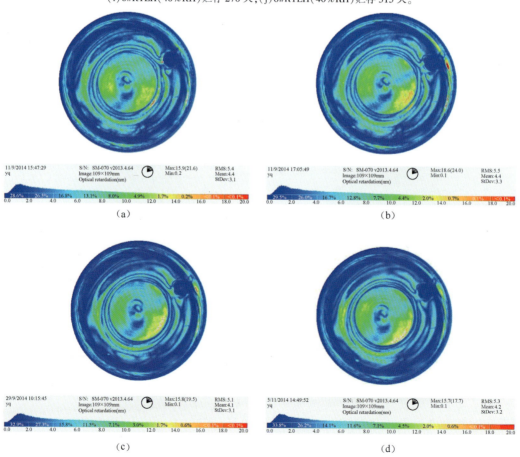

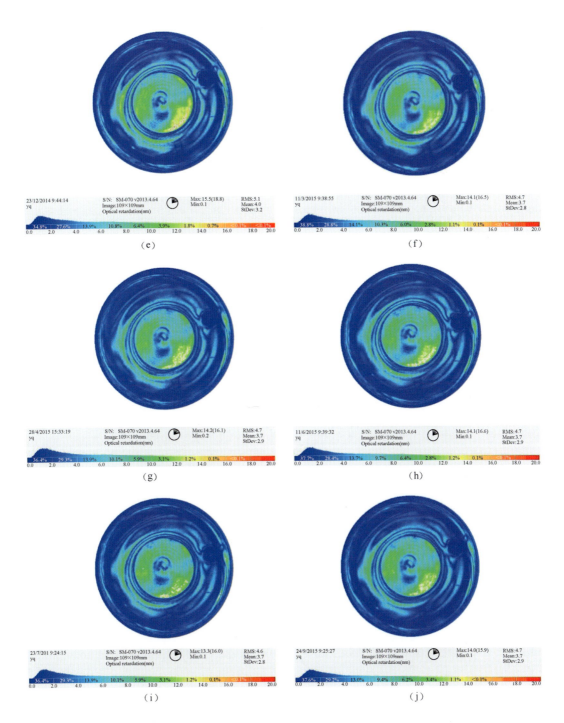

图 7-29 较高温高湿(HTHH)环境下贮存的螺套组合件(11#)的内应力及其分布
(a)11#螺套初始状态;(b)11#螺套-螺钉旋转 90°;
(c)11#HTHH(47℃,90%RH)贮存 15 天;(d)11#HTHH(47℃,90%RH)贮存 45 天;
(e)11#HTHH(47℃,90%RH)贮存 90 天;(f)11#HTHH(47℃,90%RH)贮存 135 天;
(g)11#HTHH(47℃,90%RH)贮存 180 天;(h)11#HTHH(47℃,90%RH)贮存 225 天;
(i)11#HTHH(47℃,90%RH)贮存 270 天;(j)11#HTHH(47℃,90%RH)贮存 315 天。

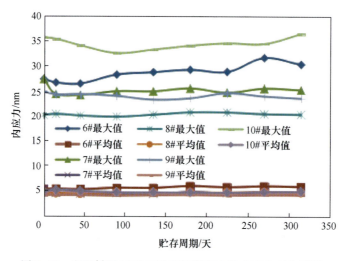

图 7-30　室温低湿(40%RH)环境贮存中的内应力变化情况

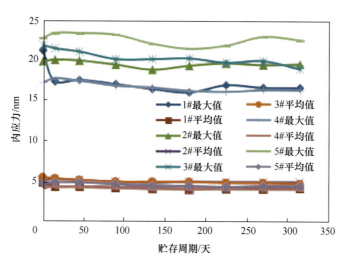

图 7-31　室温中湿(55%~65%RH)环境贮存中的内应力变化情况

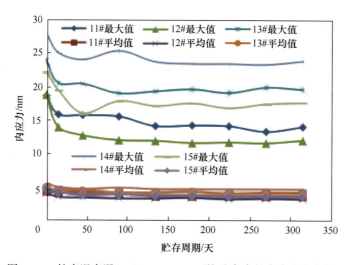

图 7-32　较高温高湿(47℃,90%RH)环境贮存中的内应力变化情况

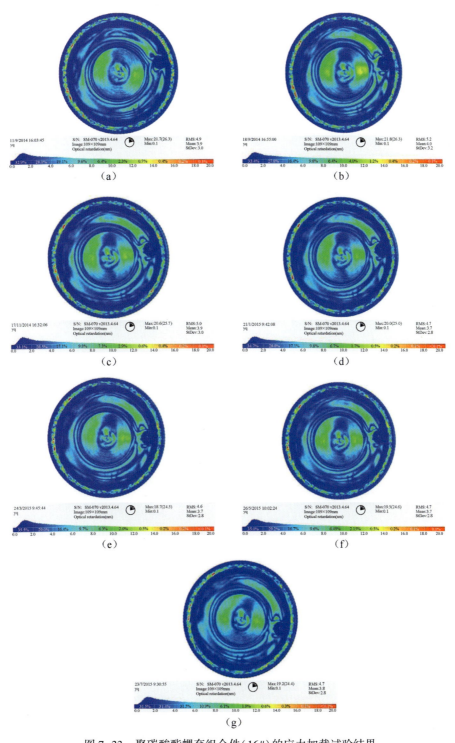

图 7-33 聚碳酸酯螺套组合件(16#)的应力加载试验结果
(a)16#螺套初始状态;(b)16#螺套-螺钉旋转 180°;
(c)16#螺套 180°贮存 60 天;(d)16#螺套 180°贮存 120 天;
(e)16#螺套 180°贮存 180 天;(f)16#螺套 180°贮存 240 天;
(g)16#螺套 180°贮存 300 天。

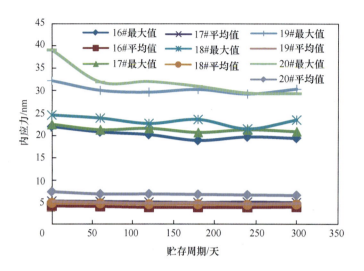

图 7-34 聚碳酸酯螺套组合件在应力加载贮存试验中的内应力变化情况

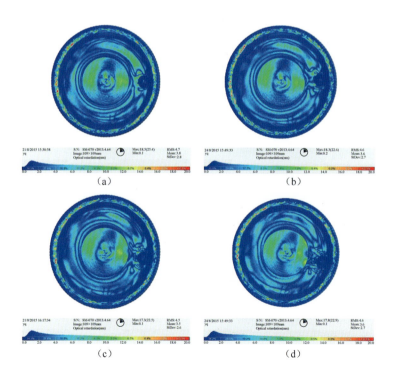

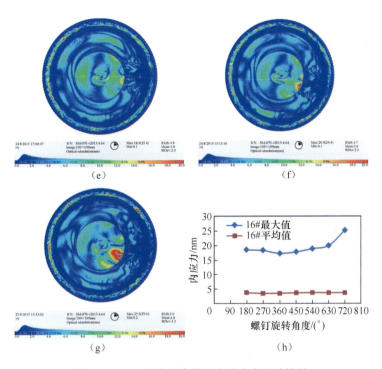

图 7-35 16#螺套组合件的步进应力试验结果

(a) 16#螺套-螺钉旋转 180°贮存 330 天；(b) 16#螺套-螺钉旋转 270°；(c) 16#螺套-螺钉旋转 360°；
(d) 16#螺套-螺钉旋转 450°；(e) 16#螺套-螺钉旋转 540°；(f) 16#螺套-螺钉旋转 630°；
(g) 16#螺套-螺钉旋转 720°；(h) 16#螺套在步进应力试验中的最大内应力和平均内应力。

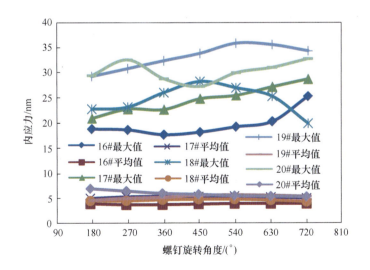

图 7-36 步进应力试验中聚碳酸酯螺套组合件的最大内应力和平均内应力变化情况

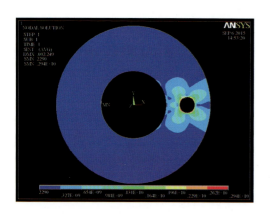

图 7-38　装配应力加载在螺套上之后的内应力及分布的数值模拟结果(二维模型,力矩为 1N·m)

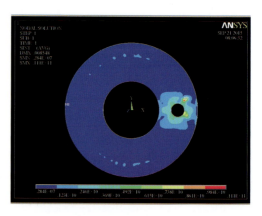

图 7-39　装配应力加载在螺套上之后的内应力及分布的数值模拟结果(三维模型,力矩为 1N·m)

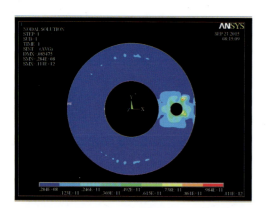

图 7-40　装配应力加载在螺套上之后的内应力及分布的数值模拟结果(三维模型,力矩为 10N·m)

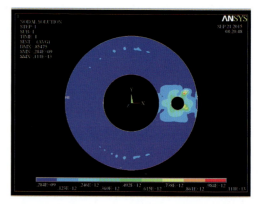

图 7-41　装配应力加载在螺套上之后的内应力及分布的数值模拟结果(三维模型,力矩为 100N·m)